国家科学技术学术著作出版基金资助出版

朱小地

中国城市空间的公与私

中国建筑工业出版社

序一

回溯亚里士多德古老的城市定义，也是人类最后的城市定义：“人们来到城市是为了生活，他们定居在那里是为了生活得更好。”然而，近年来，在不断加速的城镇化进程中，重形象、轻生活的现象已成为当下很多城市的现实写照，公共生活的匮乏不只是由于物质空间的缺失而造成的，更说明了城市建设理念精神的干枯。

在西方，公共空间理论思想有着较长历史的传承和演变，随着时代进步、意识形态扭转、社会经济发展水平提升而展现出与时代相符的空间特质。例如，古希腊时期就有了可供交流、学习的广场、剧场；古罗马时期，人们推崇庞大的规模和奢华的装饰，因此出现了凯旋门和以皇帝名字命名的广场；中世纪和巴洛克时期，以世袭或神的名义，公共生活被以展示权威为主的公共空间垄断；近代资产阶级市民阶层崛起，公共生活再次回归到以普通的市民为主体，公共空间更加随意、多样化。

中国有着与西方不同的政治、经济和历史文化发展历程，在古代并未出现过严格意义上的公共空间，虽有市场、寺庙、道观等场所，但与真正的公共空间相比还有一定差距。我们的公共空间到近代才开始起步，时间较晚，加之新中国成立以来长期秉持重生产、轻生活的理念，城市建设的重点亦不在市民生活空间的改善，积弊日久，及至改革开放，经济发展水平和城镇化都有跃升之后，仍在观念和行动中未有本质的改变。

我国城市空间中出现的问题和困境，尽管早有人开始关注，但理论的总体发展相对迟滞。从近代以来城市规划思想的发展也可以看到这样的现象：在一定的时代和社会背景下，基于当时的城市与社会问题会产生一定的思想理念；有“能人”决策者或明或暗地进行学术上近乎方法论的探索；在思想理论和方法论的指导下，针对具体条件进行特定实验。当下中国城市就处于这样的时代和社会背景中，需要通过公共空间（及公共空间体系）的建设为市民提供良好的生活环境，这也是 21 世纪城市发展的目标，因此本书的出版恰逢其时。

城市的价值在于持续创造生活的丰富性，以人为本，关注人的需求。通读本书，我有以下几点体会：第一，隐藏在城市空间问题背后的不只是物质建设的问题，更主要的是社会、管理及经济发展等因素作用的结果，因而这些问题的挖掘对改善空间问题大有助益；第二，“公”与“私”是事物的基本属性之一，与空间的权属、利益分配密切相关，二者关系的妥善处理，有助于政府与私人发挥合力营造高品质的城市空间，否则将是城市发展的阻力；第三，城市管理在某种意义上是沟通的学问，城市空间建设与每个人、每个利益集团休戚相关，需要兼顾效率与公平，让相关利益方坐下来“好好说话”是必须突破的难点。本书对上述几点都做了较好的论述和解答，需要读者细细体会。

总体而言，这是一本立意高、创新性强、不落窠臼的学术著作，对突破当前城市空间品质不高的困境有很大价值。我相信本书的出版，会给我国城市相关从业者和城市居民以启示，使城市空间规划、建设和管理受益，推进相关领域研究进展。

吴良镛

吴良镛

序二

朱小地总建筑师的新作即将付梓，我因此前有先睹之便，所以利用这个机会谈一下读后的感受。

改革开放以后，中国城市化的高速发展是有目共睹的，与此同时，我们也清醒地看到，由于改革开放正在进行之中，我们的城市在发展中也暴露出诸多问题和矛盾，许多深层次的问题还在艰难调整。并且，我国的城市化进程有其自身的特点，完全采用西方的解决模式是不适合的，也急需开展符合我国城乡生存模式的长远研究，以找出适合自身人口、资源、生态特点的发展模式。正因如此，本书对当下中国城市空间问题的关注，对其背后机理的深层思考，并在此基础上提出的城市空间界面理论和策略，体现了作者的思考，对现阶段乃至未来的中国城市发展、空间品质改善，都有其参考价值和研究意义。

城市空间品质是城市发展、竞争力水平的重要表征，本书深刻分析了城市空间中存在的问题及原因，从空间品质不高的问题表象，追溯到权属不明、权责不一致的社会运行深层机制原因，提出“城市的价值在于持续创造生活的丰富性”、“城市代表着公众利益……公众利益对应着公共空间，城市规划就是应该围绕公共空间系统来展开”，其中离不开代表“公”的政府与代表“私”的私人（开发商、企业、市民等）的合作。根植在土地国有的基本国情之下，作者提出了以建设高品质城市空间为目标、公与私博弈共赢为手段的城市空间界面理论，不仅理顺了城市空间中“公”与“私”的关系，还为二者实现良性互动以建设更好的城市空间搭建了沟通的平台。本书以包容、平等对话的方式，为困扰城市空间建设的“公”、“私”利益与空间的混乱、冲突提供了一种解决途径。融汇了社会、经济、人文、管理科学等学科知识，对此我很赞同，毕竟城市科学不光是一个建筑学、规划学的问题，需要突破学科的藩篱，共话城市发展。

只有理论与实践两方面完美的结合，才能发挥理论的最大潜力，这点至关重要。本书不仅有理论，也有实践，是一本“接地气”的书，其所给出的理论思想、策略及广泛收集的优秀案例都密切与实践关联。据我所知，在小地总主持的多个项目中，城市空间界面理论都取得了很好的指导实践的效果。

城市的进步主要取决于正确理念的传播，本书时刻提醒我们，城市空间不仅是经济价值与管理意志的体现，也应兼顾作为人们个体或群体的琐碎、真实的空间需求。唯有如此，才能发挥城市最大的空间效能。另外我们还需要注意，正是这些发生在公共空间（体系）内的公共生活，以及发生在私人空间内的私人活动，共同构成了城市全部的活力，不可偏废，都应值得重视。

小地总 2010 年就开始构思撰写本书（事实上，他对城市的思考要更早的多），在当时主管公司党务、政务的繁忙条件下，加之本人经手了许多实践设计项目，这样的背景下深入思考，过程中几易其稿，内容日益精深，使本书成为一本理论内容丰富、逻辑严谨的原创性的学术著作。不仅如此，本书表述简明，内容丰富有趣，图文并茂，让读者能够轻松理解和应用。本书的出版值得高兴，唯愿其中的思想被更多人理解，不断有新的研究成果加入进来，持续推动我国美好城市空间的改善与建设。

马国馨

目录

015 导言

1 —— 城市空间的公与私

026 1.1 —— 公共空间与私人空间
029 1.2 —— 城市空间的现状
035 1.3 —— 管理体制的惯性
042 1.4 —— 突出重围的可能

2 —— 基本原则

050 2.1 —— 权属明确原则
054 2.2 —— 权责一致原则
059 2.3 —— 公共空间的权责主体
062 2.4 —— 私人空间的权责主体

3 —— 空间界面

072 3.1 —— 空间界面的定义
077 3.2 —— 空间界面的形式
080 3.3 —— 空间界面的特征

4 —— 城市空间界面理论

088 4.1 —— 博弈目的
094 4.2 —— 博弈规则
095 4.3 —— 博弈参与者
100 4.4 —— 博弈平台
103 4.5 —— 博弈模式
107 4.6 —— 博弈内容
108 4.7 —— 博弈改变空间界面

5 —— 城市规划、建设和管理的制度策略

116 5.1 —— 管理策略
128 5.2 —— 土地策略
132 5.3 —— 规划策略

6 —— 完善公共空间体系的设计策略

164 6.1 —— 空间界面的设计策略
173 6.2 —— 公共空间体系连续性的设计策略
197 6.3 —— 公共空间体系开放性的设计策略

215 结语

219 参考文献
225 图表来源
230 致谢

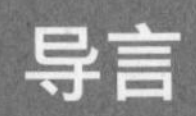
导言

中国的城市发展别具特色，世所罕见。进入 21 世纪，城市发展过程中积累下的各类问题逐渐显现。无法回避的事实是城市的建设并没有我们预期的那样完美，在有些方面现实似乎正向着我们所追求的相反方向发展。“提升城市发展质量、创新城市发展模式则成为中国城市主动适应新常态的必然选择。”[1]

很难想象一座城市没有规划地任由发展会是什么样子，反过来说，一座城市的现状也验证着规划者和管理者的智慧与能力。也许我们拥有充足的资金，可以在很短的时间内改变不理想的区域和景观，建设标志性的建筑与广场，但这些并不一定符合城市的长远利益，而城市规划则是保证城市长远利益的有效手段。尽管《中华人民共和国城乡规划法》已自 2008 年 1 月 1 日起颁布施行，但目前效果看来，我们对于规划的制定还缺乏相关的理论支持，规划的权责还没有明确的法律界定，规划的执行也还欠缺自觉的城市意识。

事实上，那些固有的、传统的规划理论和程序已经远远落后于社会发展的现实；而全球范围内的规划成就又不能简单地舶来用于中国的城市实践。不得不承认，我们没有做好应对中国城市迅速发展的准备，理论体系的建构显得有些苍白无力。

只要沿着规划的过程回溯就会比较容易找到问题的症结之所在，那就是规划的目的是否真正是为了“人”，即“市民”或者“公众”。城市代表着公共利益，公共利益对应着公共空间。城市的规划与建设应该围绕公共空间系统展开，围绕着丰富公众的城市生活展开。除此之外，再宏大的规划蓝图也将由于缺乏价值导向而丧失了真实性。

中国的大部分城市都是在封建社会的遗产之上发展起来的，旧城的空间格局基本上是为了满足封建礼制需要而建设的，并不存在现代意义上的城市公共空间。新中国成立之后在相当长的时期内，“先生产，后生活”的思想始终是指导国民经济计划的原则，城市规划与建设方面必然存在对于公共空间重视不够和投入有限等问题。

几十年来，旧城的变化集中体现在道路拓宽和见缝插针式的项目建设上。碍于旧城的基础条件，从拆迁成本和交通便利角度考虑，新项目的建设基本集中在原有街道的转角或边缘。但是由于沿街面有限，城市道路不能支持项目的内部交通需要，于是用地内部就诞生出消防环路的解决方案，接驳城市道路的机动车出入口和建筑的各种机动车出入口，均由消防环路串接起来。相应的绿地率、停车场和停车库、人防工事等均是在条件不允许的情况下要求建设方配建。导致旧城中的新项目一诞生就被“各自为政”的道路、围墙、绿化等与城市隔离开来，与外界保持一定的距离，冷漠地矗立在城市当中。

与此同时，旧城边缘的“大院”建设始终没有停止。无论机关、军队、学校还是矿厂，先圈起一个围墙，在里面逐渐完善服务功能，形成“麻雀虽小，五脏俱全”的小社会。结果，随着城市的不断扩张，这些原本位于城市边缘的“大院”已经被包裹进来，自己内部拥挤不堪不说，也严重影响到城市公共空间的完整性。

时至今日，中国城市中的公共空间依然没有得到系统性的建设，也没有相关的法律和政策保障。久而久之，城市道路系统中的人行步道成了城市公共空间的主体，这是市民外出散步和休憩的主要场所。即或现有的人行道系统，也很容易受到沿街商铺或者机动车和非机动车的侵占。在一些地方，已经建成的公共空间也有可能以各种名义被全部或部分改造成为商业用途，比如一些体育设施场地和公园用地，就很容易被用于商业项目建设，最正当的理由就是维护经费不足和设施更新缺乏资金。

多年来，城市政府一直扮演着统管一切的角色，在城市规划方面形成了“统一规划、统一实施”的模式。在城市规划获得批准之后，用地性质没有特殊的理由是不可能更改的。政府为了维护规划的实施，将注意力集中在可以看到的城市建设项目上，以至于承担了越来越多本不属于政府的工作，这种恶性循环直接导致政府部门的工作日益繁重。

在这种情况下，遇到一些矛盾尖锐之处，往往会将问题推给专家，对城市中的新方案进行评审，俗称“把把关”。在这中间，专家的角色就显得很尴尬，是对建筑师的设计进行专业指导？还是为城市的管理者出谋划策？为了便于领导决策，专家组被要求推送三个备选方案，最终的实施方案要由领导拍板确定，这样的流程给方案评审增加了更多的随意性和不确定性。将注意力过于集中到实体建筑的规划指标落实和外部形象管理的方面，甚至超越了各自本应该担当的职责，对项目的建设随意地干预，人为造成了规划管理与项目建设的对立关系，最终影响到整个城市的品质。

然而，真正属于政府权责范围内的公共空间的建设却无法得到确认，也就无法实施有效的管理。由于政府行政条块分割的管理格局，使得城市公共空间成了各部门控制资源的对象。以城市道路为例，建设、管理、运营的权属情况就十分复杂：城市的交通委员会负责城乡交通统筹发展、交通运输和交通基础设施综合管理，是城市道路的行业主管部门；建设单位包括高速公路、主干路、次干路及支路、公路等不同建设主体；城市道路工程由城市的发改委审批，纳入基建投资，包括拆迁、路面、雨水、绿化、路灯、信号灯等内容。但是道路地下的自来水、燃气、热力、供电、电信、排水、有线电视管线则要单独立项、单独设计、单独批复；道路红线之内的绿化建设完成后转交园林绿化局维护，路灯则由市政管理委员会下设的路灯管理处接管，交通信号灯归属公安局下属交管局管理，地下管线建设归属各个相应的市政部门或相对应的公司；过街地下通道和人行过街天桥，由不同的政府职能部门或下属市政公司投资兴建；建成后的城市道路，由交通管理局管理，侵占道路空间的现象由城市执法大队负责。城市地铁建设出入口和排风口一般在城市道路用地、绿化用地范围内解决，也有在相邻的建设用地与建筑物一体建设的。在城市道路用地内建设的地铁出入口和风亭成了影响城市空间环境的新要素。

北京的“葛宇路”事件就暴露出城市的统筹和管控问题，这位名叫葛宇路的中央美术学院学生从2013 年起寻找地图上的空白路段，并贴上自制“葛宇路”路牌。随后，“高德地图”等地图导航类软件收录这条道路，一条本来无名的道路竟以“葛宇路”这个人名来命名。2017 年7月11日，一则《如何在北京拥有一条以自己命名的路》的文章曝光了他的“作品”。一时间政府相关部门纷纷表态，划清各自职责权限。2017 年 7 月 13 日下午，仅用了 1 分钟左右的时间，北京市朝阳区那块引发争议的“葛宇路”路牌就被双井街道和城管部门依法拆除了。

相对而言，在没有明确界定城市公共空间的城市中，各类建设方不可避免地会为各自项目利益最大化而不择手段，有可能侵蚀到公共空间。在相关各方的较量中，城市规划的最终决策和执行夹杂了不同的利益诉求。

当然，能通过正常的程序获得政府审批的确是上策，但毕竟不是所有的诉求都可以得到政府的认可。于是，城市中出现了许许多多的违章建筑，不仅破坏了规划的有效实施，也侵占了大量的城市公共空间。为此，政府不得不设置一系列的机构来加以整治，但由于项目的建设过程是分阶段进行管理的，这些机构也分属于不同的管理部门，机构之间的联动就成了关键问题，往往违章建筑久拖不决，到了非解决不可的时候，违章建设方只能自认倒霉。

对于城市公共空间而言，那些在城市中进行合法建设的项目，可以理解为占用了一部分城市空间，这些项目的建设方无论投资和使用机构的所有制成分如何，相对于城市空间而言都应该视为“私人”，也就是《城乡规划法》中指出的“任何单位和个人”[2]。承认“私人空间”的存在，明确“私人”的权责；进一步落实“公共空间”的范围，明确政府的权责。这就需要制定相应的“游戏”规则，形成制衡机制，从而有效地保护公共利益和私人利益，建设好“公共空间”和“私人空间”。因此，十分有必要对中国城市空间做一个划分，明确“公共空间”与“私人空间”，为落实“政府权责”和“私人权责”创造条件，否则，一切都将无从谈起。

城市中的建筑，不仅是物质的存在，更重要的是承担着城市的社会功能，建筑的外立面可以视为城市公共空间的界面或表皮，城市建筑不仅应该向公众展示其外部形象，而且更应该关注城市公共空间的视觉呈现。有些建筑只想通过外观在公众面前炫耀自己的身份，有些建筑则在竣工之后被围墙所包围。长此以往，每个项目建成之后，也就占有了部分公共空间，其结果就是我们的城市越建设越拥挤，越建设品质越差。

从理论上讲，没有人比项目的建设方更关心自己的项目。建设方委托中意的建筑师，建筑师依据城市规划要求进行设计本是很正常的事情。如果关注城市建设的结果，就应制定更加详细的规划要求，包括空间让渡的平衡机制。人为干预建筑设计的过程不仅扰乱了设计工作的正常进行，更严重的是对城市和建筑之间的权责和利益的混淆。

中国改革开放的三十多年中，最活跃的支柱领域就属房地产行业。随着房价的不断攀升，在给房地产业带来丰厚利润的同时，也使这一行业日渐疯狂。开发商在获得土地之后，追求高容积率、高建筑密度和建筑高度，完全是受利益驱使，也无可厚非，但如果这些指标的满足成了开发商与政府主管部门讨价还价的内容，而没有制衡的机制，那就会出现侵占城市公共空间的可能。

还有一种隐形的侵占公共空间的行为，虽然表面上改善了城市局部的形象，但实际上分割了城市空间，造成了城市的碎片化，这就是所谓的“造城运动”。开发商从政府手里一次性获得大片的土地，少则几百亩，多则几万亩。政府将自己应该干的土地整理、市政配套、道路建设、景观绿化等职能统统转嫁给开发商。而开发商则以救世主的姿态自居，按照自己的“理想”建立起自由王国，销售给购房者这一特殊群体。此举也许能很快改变当地的局部环境，但封闭式的管理将项目从城市中分离出来，剥夺了城市居民本应共享的城市空间，事实上形成了新的“大院”。

对于“私人空间”，我们还是容易理解和接受的，但明确“公共空间”的概念，还有很长的路要走。“公共空间”是与“公共利益”相对应的，如果明确了“公共利益”，政府的角色也就不论自明了。恰恰相反，谁对城市公共空间负责，目前还无法形成统一意见，而背后反映出城市管理中条块分割、多龙治水的现象依然普遍且顽固。政府没有公共空间管理的共享平台，就无法提供统一的城市公共服务，就不可能形成稳定、连续、多层次和易识别的公共空间系统。

明确了“公共空间”和“私人空间”的地位与权责，就不难发现，二者之间存在一个空间界面，是不同权属空间之间的交界面。这个空间界面并不是一成不变的，或者说是本应可以变化的，这是“公共空间”与“私人空间”博弈的结果。如果我们能够制定出一套适宜的博弈规则，搭建所有利益相关方多元参与、公平正义、有效合作的博弈平台，采取不断深入的“讨论—反馈—利益平衡”的模式，就可以将过去习惯性的对项目的控制指标转化为政府与“私人”之间对话的“桥梁”，将过去私人在建设用地内对容积率、建筑密度、建筑高度等指标增减的争夺，转变为依据对城市公共空间体系贡献大小而展开的私人利益、公共利益的共赢博弈。果真如此，既可以发挥政府代表公共利益、维护公共空间的主导作用，又可以激发“私人”在进行项目建设过程中积极回应城市规划要求，参与城市整体建设的愿望，将公共空间扩展至建设项目之中去，实现以公共空间体系为杠杆的高品质城市空间建成环境。这是本书研究的主要内容，希望以城市空间权属作为切入点，构建完整而全新的城市规划与管理体系。

近年来，从中央到地方、从住房城乡建设部到行业学会都在要求开展城市设计。2016年2月《中共中央国务院关于进一步加强城市规划建设管理工作的若干意见》中指出：“城市设计是落实城市规划、指导建筑设计、塑造城市特色风貌的有效手段。鼓励开展城市设计工作，通过城市设计，从整体平面和立体空间上统筹城市建筑布局，协调城市景观风貌，体现城市地域特征、民族特色和时代风貌。单体建筑设计方案必须在形体、色彩、体量、高度等方面符合城市设计要求。抓紧制定城市设计管理法规，完善相关技术导则。支持高等学校开设城市设计相关专业，建立和培育城市设计队伍。"[3] 2016 年 10 月国务院法规办发布《城市设计管理办法（征求意见稿）》明确了工作定位："城市设计是落实城市规划、指导建筑设计、塑造城市特色风貌的有效手段，贯穿于城市规划建设管理全过程。通过城市设计，从整体平面和立体空间上统筹城市建筑布局、协调城市景观风貌，体现地域特征、民族特色和时代风貌。"[4]

笔者认为城市设计不同于城市规划和建筑设计，也不应该简单地将城市设计定位于介于二者之间的中间环节。城市设计的研究对象应该是城市公共空间，或者说是城市公共空间的设计。因此，城市关注的重点应从建设项目"实"的部分转移到城市中"空"的部分，将提高城市空间的品质作为保障公共利益的具体体现，积极开展城市设计工作，让市民在城市中获得不断扩大、不断提升的公共空间。只有这样，我们城市建设才能与过去的既有模式区分开，才能创造出公众广泛认可的城市空间。

所以，城市设计应视为与现行的规划体系平行存在的一项长期工作，延伸到城市规划、建设、管理的全过程，以确保公共利益最大可能性。而由此开展的一系列设计工作，包括对建筑界面的研究、绿化景观的研究、道路系统的研究、公共设施的研究等内容，随着公众意识的觉醒必将引发社会各界的重视。由此形成的系统设计方法和公共利益的保障与监督机制将会成为我国城市建设的新模式。

注释：

[1] 潘家华，魏后凯. 城市蓝皮书：中国城市发展报告 No.8[M]. 北京：社会科学文献出版社，2015：38.
[2] 中华人民共和国城乡规划法 [Z/OL]. 2007-10-28[2017-3-14]. http://www.gov.cn/flfg/2007-10/28/content_788494.htm.（引自"第九条"关于"市民"的描述）
[3] 中共中央 国务院关于进一步加强城市规划建设管理工作的若干意见 [Z/OL]. 2016-2-6[2017-3-14]. http://www.gov.cn/zhengce/2016-02/21/content_5044367.htm.
[4] 城市设计管理办法 [Z/OL]. 2017-3-14[2017-6-5]. http://www.mohurd.gov.cn/fgjs/jsbgz/201704/t20170410_231427.html.

一个好的城市，

是一个能够让人面对完整人生的场所。

——亚里士多德（Aristotle）

1

城市空间的公与私

当人们谈论“城市”的时候，大多数人会把关注点聚焦在具体的城市形象上，比如庞杂的人口、拥堵的交通、高耸的写字楼和密集的住宅区，对于具体事物的描述让他们能用自己的方式去诠释这个赖以生存的地方。而我在谈论“城市”的时候，则更倾向于将城市中的“人”作为探讨的切入点，从“人”的角度出发去看待城市问题，这对于身处其中的我们来讲更具实际意义。

“城市”的本质是有关于“人”的，人类对于如何建立一个理想聚居环境的探索自城市诞生之日起就一直在进行，正如亚里士多德所说：“一个好的城市，是一个能够让人面对完整人生的场所。”无论是“生活、工作、游憩、交通”(《雅典宪章》)，所有社会行为的发生都必须依附在“城市”这个巨大的载体之上，因此，一个城市的品质直接影响到人的行为方式与精神感受，而城市空间作为容纳各种城市功能的主要场所，就成了直观反映城市品质的核心。

虽然中国的城市建设在过去几十年间取得了辉煌的成就，但在肯定成绩的同时，我们也应该清醒地认识到，受计划经济时期影响，在“统一规划、统一建设”的管理模式下，许多问题被掩盖下来。高速发展的城市出现了过度追求形式化、空间品质下降、人文特色缺失等一系列问题。城市管理者、建设者开始真正意识到城市空间整体建设的重要性，它直接关系到一个城市的综合竞争实力和居民的满意程度。那么到底如何去探究影响中国城市空间品质的关键所在？我认为我们应该摒弃盲从，回归本初，从城市是关于“人”的这一本质属性展开思考。

城市空间受到来自代表公共利益的“公”与代表私人利益的“私”两大力量的作用。对于中国城市空间来说，“公”、“私”属性既是特点也是问题，良好的城市空间品质在于二者清晰的划分和有效的管理，只有理清二者之间的关系，才有可能在现有的基础上进行改善与创新，并针对具体问题提出解决方案。

1.1 公共空间与私人空间

"公"与"私"是认识、剖析进而理解基于人的城市空间的一种方式：孩子们在胡同里嬉戏，主妇刷卡进入带有门禁的小区，餐馆里的食客注视窗外过往的行人，老人在公园里集体活动，这些上演在城市中每一个平凡日子里的生活景象的形成，来自于人们对能在何地进行何种活动的基本判断，即"公"的空间较"私"的空间可容纳更丰富多样的活动。"公"的空间里活动相对自由，而"私"的空间活动受限甚至不可轻易踏足。然而，在中国的国情之下，"公"与"私"一度被视为彼此对立的概念，隐而不谈，所以首先需要澄清和明确"公"、"私"及其所对应的公共空间、私人空间的含义。

"公"是普适的。"公"与共同体相关，有"共"、"同"、"通"、"开"等含义。"共"，众人共用，即在众人范畴内的人都可以用，是"共同体式的共同的意向"；"同"，众人相同，是普遍的人人所能具有的，或一个抽象的人具有的，引申有公平之意；"通"，众人相通，即"顺应万物，即普遍以万物之心为自己的心，最终到达之点则是顺应天理之自然而生"，以自然天理为统一的通道的"万物一体观"，及至社会，则是共通的社会运行法则；"开"，开放、公开，即全部面向公众。[1]

"私"是个人的。"私"具有多样性，这种个体所具有的主体性、多样性不可能整齐划一地规诫。若增加价值判断，则与价值观本身有关，若认为性善，则"私"不等于坏；若认为性恶，则"私"可能被认为是坏，是"与天理之自然相对的偏私，与公正相对的'自私'，与普通、中正相对的特殊、不正。"[2] 我认同前一种说法，即"私"是中性的，是客观的事物状态，并无善恶、好坏之分。

"公"与"私"是对立统一的关系，既需要做出明确区分以避免混淆不清，又不能将二者置于决然对立的立场，辩证地看待"公"与"私"的关系，将有助于灵活地整合、转化二者的状态，应用于解决城市空间的“公”、“私”问题。

“公共空间”作为特定名词最早出现在20世纪50年代西方社会学和政治哲学著作中[3]，直到20世纪60年代初才逐渐进入城市规划及设计学科领域，出现在刘易斯·芒福德（Lewis Mumford）和简·雅各布斯（Jane Jacobs）及其后的一些学术著作中，到了20世纪70年代，在城市问题的集中爆发和对城市学科的广泛反思下，公共空间开始被普遍接受并成为学术界广泛研究的议题，研究视角从推崇现代主义的功能至上，转向重视城市空间在物质形态之上的人文和社会价值，研究认为现代主义规划理论下，分离的城市空间无法建立积极的物质空间之上的社会联系，因而，公共空间作为城市公共社会交往场所的重要性就越发凸显，[4]公共空间在推动城市人文与社会交往、提供视觉的审美感受、引导和鼓励积极的行为活动、作为政治参与平台、激发关于空间体验的共同记忆以使人产生对空间的情感联系和归属感等方面的价值被逐步认可。[5]与此同时，公共空间也已经成为判断城市品质高低的标准，如丹麦建筑师扬·盖尔（Jan Gehl）所说，“判断城市质量高低的方法不是观察有多少人在步行，而是调查他们是否把时间花费在了城市中，如停留、观望或坐下来享受城市，风景和纷繁的人群。”[6]有关城市公共空间的研究非常多，但因研究角度的不同而难以形成统一的定义，综合来看，城市公共空间普遍具有的含义是：面向所有人的公众社会生活交往的场所。

肇始于西方的现代公共空间思潮，以市民阶层的产生及“国家－市民”二元对话为基础，与中国有非常强烈的社会背景差异。[7]因而，中国城市的公共空间与西方城市的公共空间存在一般价值的相同性，也存在基于国情的差异性。在“生产资料的社会主义公有制”、“城市的土地属于国家所有”[8]的国情下，城市公共空间是：由政府直接代表所有、管理和决策，供公众进行社会生活交往的城市空间，具有公共性，是公共利益的载体。[9]

“政府直接代表”符合中国城市空间规划、建设和管理现实，有助于判定一些似是而非的城市空间，如商业空间中具有一定公共性的空间，非政府直接代表，不是公共空间；医院、学校、国企办公地等具有国资性质的空间，非政府直接代表，不是公共空间；收费或限时开放的城市公园、广场等，是政府直接代表，有公共性，是公共空间，但理想状态下不应有上述限制，换言之，这些限制是需要解决的现实问题。

“公共性”是公共空间的核心特征[10]，是物质空间在容纳人与人之间公开的、实在的交往，以及促进人们之间精神共同体形成过程中所体现出来的一种属性[11]。这就意味着，公共空间可以在公共场合被所有人感知和体验，向所有人开放，给使用者带来空间、心理和文化的归属感，这样的公共空间是可以让人们“能方便而自信地进出；能在城市和建筑群中流连；能从空间、建筑物和城市中得到愉悦；能与人见面和聚会——不管这种聚会是非正式的还是有组织的。”[12]

私人空间是私人（单位或个人，非政府）所有、管理和决策的空间，由私人通过“划拨”或者“招拍挂”[13]等方式向政府购买或协议获得的空间构成，是私人利益的载体。换一个角度看，私人空间就是公共空间以外的城市空间。

私人空间具有排他性和稳定性的特征。排他性是私人空间与公共空间的重要差异，即排斥其他人使用空间的可能性，反映为一种非此即彼的关系，以私人权属为表征，意味着私人空间有单一的归属，其支配与享用的权力也是单一的，未经允许，其他私人或公众占有和使用都是不合法的。私人空间的稳定性源自法律对私人空间权属的认可和保护，非法律手段不能更改私人所有的权属状态。

与公共空间相比，私人空间获得的关注较少，比如人们会抗议家门口的公园里开了私人会所，但不会关心邻居的院子被他人霸占，因为与私人空间相比，公共空间具有更大的服务范围，与更多人的利益休戚相关，自然引起广泛关注，但这并不意味着私人空间不重要，也不意味着只有与其利益紧密相关的人才应该给予关注。从整体城市空间来看，私人空间占据了城市空间的很大比例，根据《城市用地分类与规划建设用地标准》的规定，城市五类主要用地中，私人空间规划占城市建设的用地比例约为 45%～70%[14]，如此高比例的私人空间影响的是整个城市的建成环境，而非仅仅是私人的事情；从私人空间与公共空间的关系来看，二者并非决然分离，当二者交接时，如何处理二者的关系以获得更好的空间效果是关乎城市所有人的事情，毕竟谁都不希望一条充满活力的人行道边，紧邻的是一栋外立面丑陋或者破败不堪的建筑。

1.2 城市空间的现状

有序而良好的城市生活依托于高品质城市空间，然而，城市中常能感受到城市与人们生活的疏离，存在很多“习以为常”的不合理现象。中国城市空间在代表公共利益的“公”与代表私人利益的“私”这两大力量的作用下，产生了诸多矛盾与问题，既有公共空间、私人空间本身的问题，也有二者之间的关系问题。

目前中国的城镇化率已经超过世界的城镇化率，达到 59.6%（2018 年），有 8.3 亿（2018 年）的城市人口，672 个（2018 年）城市，5.6 万 km^2（2018 年）的城市建成区，[15]在宏大的城市扩张过程中，城市公共空间建设的步伐明显落后。

中国的城市公共空间十分匮乏。1984 年进入城市土地大规模扩张阶段之后，在政府与私人的空间资源保护与争夺关系中，公共空间成了“鸡肋”，经过权衡，常沦为私人利益的牺牲品。据统计，2018 年全国城市人均公园绿地面积为 14.1m^2，北京的人均公园绿地面积为 16.2m^2[16]，远低于世界卫生组织推荐的国际大都市“人均绿地面积 40～60m^2，人均公共绿地面积 20m^2”的标准[17]，更具资本价值的商业化空间开发挤占了本应属于城市公共空间的位置。

中国作为世界上人口最多的国家，以人均度量的公共空间，其每一点的增加，都意味着巨大的财政投入，对大部分城市来说是难以承受的负担。我国在人口统计中有户籍人口、常住人口等不同指标，计算城镇化率使用的是常住人口指标，其中很大比例为非户籍人口（非户籍人口占常住人口的比例，北京 2017 年为 37%，上海 2017 年为 40%，深圳 2017 年为 65%[18]），他们不能享受全部的城市服务，难以融入城市生活（图 1–1），弥合这种差距的投入将是巨大的。中国发展研究基金会、国务院发展研究中心、中国社科院等多家机构的研究结果显示，农民市民化需要人均 8～10 万元的公共财政投入，[19] 这就意味着，以 2018 年 13.95 亿人、2008～2018 年城镇化率 1.26 个百分点的年均提升速度为基数，包括公共空间投入在内，每年至少需要 1.4～1.8 万亿元的财政支出，甚至与一般公共服务支出持平（2017 年为 1.5 万亿元）。

图 1–1　不能平等享受城市公共服务的外来人口

“理性”的选择是，城市更热衷于在重要区域建设大型公园广场来彰显形象，这些公共空间被高楼、快速路包围，成为与城市整体空间缺少联系的“孤岛”；位于 CBD 等区域的公共空间被“候鸟式”的低效率使用着，中午这里挤满从周边办公楼里出来午休的员工，而在其他时间，尤其夜晚下班后，这里却变得寂静无人（图 1–2）；而分布范围更广、存在感较弱的小尺度公共空间，却被选择性忽视，任凭其碎片化、不断衰败。

对汽车的高度依赖，割裂了公共空间。城市规模扩张倒逼道路系统发

(a) 白天的北京 CBD

(b) 夜晚的北京 CBD

图 1-2　白天和夜晚的北京 CBD

展，使机动车道路系统成为城市建设的主体部分，有研究显示，在城市开发密度、路网密度、车辆密度及管理水平等既定的条件下，城市规模不断扩张，则路网所承受的交通压力也不断增大，[20] 这就意味着道路系统的建设速度要高于城市的扩张速度，才能保持交通运输能力不下降。然而，持续扩张的道路系统并未与城市公共空间统一规划，道路成为最便捷的汽车通道，却削弱了其原有的步行功能、多功能混合空间的社会意义。错综复杂的道路连接形式，更割裂了不同地块之间的联系，破坏了城市空间的有机组织及其丰富的公共生活。

公共空间被私人侵占的问题普遍且顽固，存在着主动侵占与被动侵占两种现象，并且得不到有效遏制。主动侵占是私人权力膨胀、政府管理缺位共同作用的结果，表现为在公共空间内进行商业活动等临时性侵占；公园内开办私人会所（图 1-3）、沿街商业挤占人行道等永久性侵占。被动侵占是私人需求缺乏空间载体，转而投向公共空间的结果，典型的是由机动车保有量的持续增加所诱发的停车难问题，以北京市为例，2015 年民用汽车保有量为 535 万辆，备案停车场车位 191 万个，[21] 平均每辆车仅有 0.36 个停车位，供需矛盾突出，使公园、广场、人行道甚至机动车道都沦为临时停车场（图 1-4）。

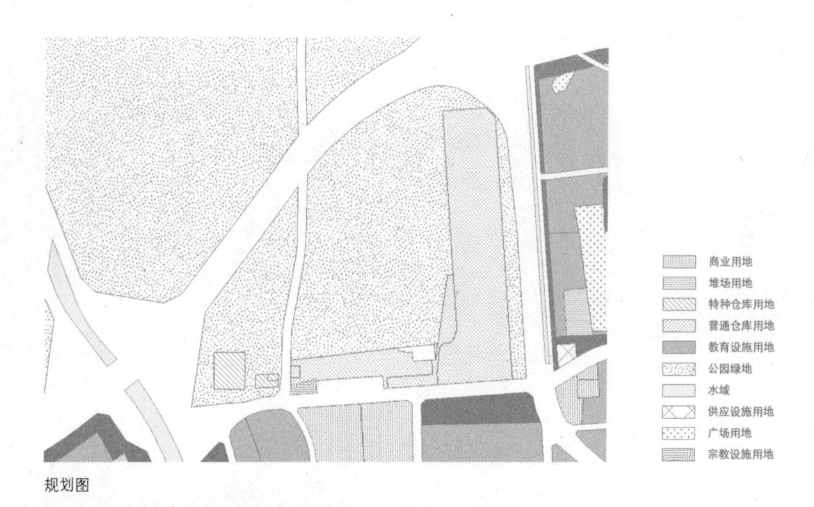

规划图

实际建设情况

图 1-3　某高尔夫俱乐部侵占城市公共绿地

说明：北京市某区的一个地块，规划用地 360hm^2，其中居住区和代征绿地分别为 104hm^2 和 256hm^2，建成后这里将成为北京城市中一块大的"绿肺"。建设的居住区是作为开发商建设代征绿地的回报，求得资金的平衡。但开发商并未严格执行约定，在绿地代征完成之后，一大半绿地被建成封闭的、占地 2700 亩的高尔夫俱乐部。

图 1-4　机动车乱停放在人行道上，影响行人的正常通行

假借公共利益之名强行占有私人空间的行为，成为我国城市化进程中的一项突出矛盾，在由此引发的诸多暴力冲突事件背后，是对征用私人空间行为合理性、合法性的质疑。在肯定基于公共利益可依法征收私人空间的基础上，私人多大程度上有权支配自己的空间？又能因为怎样的具体理由被征用、征收和补偿？不分清最基础的“公”和“私”的利益、权力及责任边界，就难以回答上述疑问，从根本上杜绝私人空间被强占的乱象。“公”与“私”关系的这种混乱甚至对立的局面，会危害真正基于公共利益的公共空间建设的推行（图 1-5）。

城市中每个空间均对应不同的政府或私人，各自封闭的公共空间、私人空间所拼凑出的城市丧失了整体性，缺乏有机的联系，公共空间和私人空间的自我封闭、弱外向性联系，切断了因交流产生的城市生活的丰富性。借扬·盖尔对公共空间功能的分类[22]，用于分析公共空间与私人空间之间的活动，可分为必要性活动（无论什么情况都一定发生，如步行）、自发性活动（人们有参与意愿才会发生，如观望）、社会性活动（有赖其他人参与，如打招呼）三类，更强的空间联系可激发更高频率的自

图 1-5　矗立在道路中央的“钉子户”严重影响了道路通行

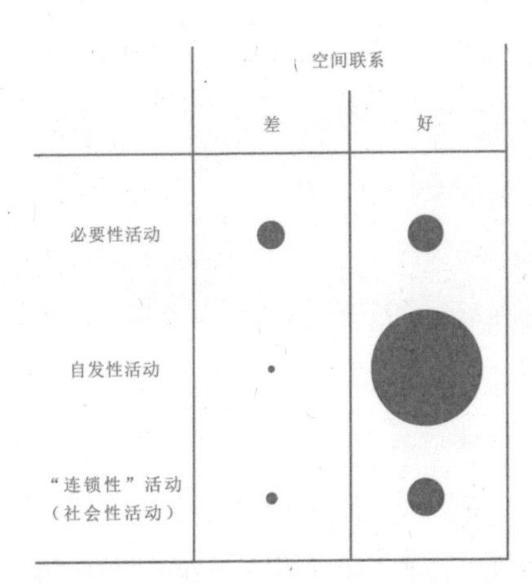

图 1–6　空间联系与活动发生的相关模式

发性活动，带动社会性活动频率的稳定增长（图 1–6）。由此可见，空间联系对激发城市活力有很大的作用。

然而，公共空间以围墙、栏杆、门禁等形式，作为与其他公共空间及私人空间隔绝的屏障，视觉上难以穿透、空间上不便进入，交流也因此受阻。

私人空间的建设受到政府过度的管理，诸多规划指标严格限制了私人的行为，在“合规”、不越界的自我要求下，私人没有受到激励将私人空间分享给城市（图 1–7），并与公共空间主动建立起联系，而是导向驱逐公共功能、自我封闭的结果。现代建筑尤其高层建筑拓展了人类活动的空间维度，极大提升了城市空间利用效率和人口承载能力，对解决城市人口增长势在必行，但也迅速改变了城市的面貌，重塑了城市尺度认知和空间组织秩序，颠覆了过去根植于“熟人社会”的生活习惯与邻里社交模式，让私人空间的功能更加单一。换言之，私人空间中驱逐了公共交往功能，使得公共交往更加依赖城市所提供的公共空间。

建筑设计过度追求建筑的自我表现，忽视或否定了城市街道、广场、公园及其他非建筑空间的重要性，[23] 不重视与公共空间的联系。谈及现代主义运动，《街道上》（《On Streets》）一书中写道，“今天，建筑与规划的问题之一是建筑物之间的空间缺少设计，这是 20 世纪建筑现代主义运动的特别产物。相对而言，17 和 18 世纪的规划关注的是整体构图和系统布局，关注实用性、美观性、象征性和防御性，或是在多数情况下综合上述因素。到了 19 世纪，当建筑物在其系统中变得更加实用时，对功能的理解逐渐由外部空间移至合理组织内部空间，建筑从其环境中分离出来，向着自成一体的方向发展。”[24] 这样的景象在中国各类城市新区中比比皆是。

1.3 管理体制的惯性

城市空间的现状是与其历史发展过程分不开的，一些被视为合理存在的观念也是在当时不断强化而确立的，并被沿用至今。城市就是这样一个有机体，不同年代的烙印都会承载在发展过程中，影响深远、甚至是无法改变的，有些方面如同人的成长过程一样，无法重走回头路。虽然当今的人们在思想层面已经有了明显的变化，但城市规划、建设和管理的体制实际上依然延续着几十年来形成的惯性思维。

中国许多城市大规模建设始于建国之后，并开始引入国外规划理论和经验，应用于城市空间规划、建设和管理，其中影响最为深远的是新中国成立初期的苏联模式和改革开放后的功能分区理论，它们解决了特定历史时期的阶段性城市问题，取得了一定的成就，形成了中国城市的基本格局，但也因缺乏对公共空间、私人空间关系的整体性设计，而引发了前述问题。

“苏联模式”的引入与特定的历史环境有关，有专家回顾北京的规划时说过，“北京自 1949 年新中国成立后，由于我们当时没有管理和建设大城市的经验，同时又处于帝国主义对我们封锁的国际环境，学习苏联的社会主义建设经验是唯一可行的办法。”[25]“党中央提出了政治上‘一边倒’和全面学习苏联的方针，因此，北京城市规划和建设要学习苏联在这方面的先进经验，就成为理所当然的了，而作为第一个社会主义国家的首都——莫斯科，自然成了北京学习的重点。1953 年联共中央通过的‘莫斯科改建总规划’当时被反复研究，对北京的城市规划和建设有着深刻的影响。”[27] 在苏联专家的帮助下，中国迅速建立了城市规划体系、学科、机构、人才队伍及一批工业城市（图 1-8）。

苏联模式的特点是把社会主义城市特征归结为生产性，城市从属于工业，[28] 实际上就是把城市发展和工业生产等同起来，生活功能被置于为

图 1-7　与城市隔绝的高品质私人空间

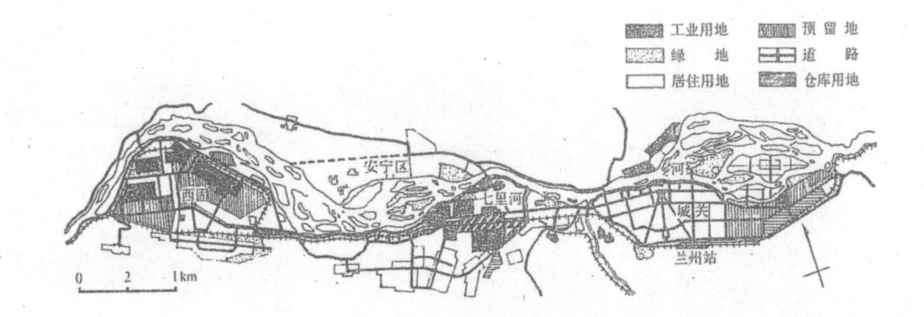

图 1-8 兰州市“一五”时期规划图

说明：1953 年，中共中央指示：“重要的工业城市规划工作必须加紧进行”，1954 年，全国城市建设会议要求“完全新建的城市与工业建设项目较多的城市，应在 1954 年完成城市总体规划设计”。建工部城市建设局设立城市规划处，聘请苏联城市规划专家指导。重点城市的规划，一般是在苏联专家指导下进行编制。至 1957 年，全国共计 150 多个城市编制了规划，其中国家审批有太原、兰州、西安等 15 个城市。[26]

生产提供基本、必要配套的地位上，[29] 在空间组织上，以单位大院为基本单元形成均质化的空间分布，大院内提供“从摇篮到坟墓”的配套设施。一方面严格控制以住房为代表的私人空间，另一方面公共生活与私人生活混杂在一起，难以各自获得品质的保障。大院之间缺少统一规划，割裂了城市公共空间。苏联模式在市场经济体制确立以后影响迅速被功能分区理论替代，但其奠定的空间格局蓝本、单位大院模式时至今日仍有影响。

改革开放后，二战之后发展起来的“功能分区”理论，对当下中国城市空间格局产生了深远影响，事实上 20 世纪的城市几乎都与功能主义运动有关 [30]。功能分区理论理想化地将城市功能分为居住、商业、办公、交通等几大部分，并依此组织空间布局与活动，人为地割裂了城市空间的有机联系，难以营造良好的人居环境。“在功能分区的城市中，工业化建设的进程是土地开发满足了制造业的需求，但在如何寻求公共建筑的代表型语言，以及营造友好的居住环境方面却并不成功。”[31] 典型的如巴西新首都巴西利亚（图 1-9），于 20 世纪中期建成投入使用，基本按照功能分区理论建造，拥有象征性的城市总体布局——形似“飞机”的总平面、明确且严格的功能分区、依赖汽车的机动化的交通系统及占地庞大的公园系统，但这些“优点”并未惠及近人尺度的生活，“飞机”构图仅能通过空中俯瞰感受到，严格的功能分区将居住与公园隔绝，道路以车行为主，不宜步行，也缺少活跃街道的商业设施。在对功能分区理论的实践上，巴西利亚是成功的，更被列为联合国教科文组织的世界遗产，但在生活品质上，巴西利亚无疑是需要反思的。

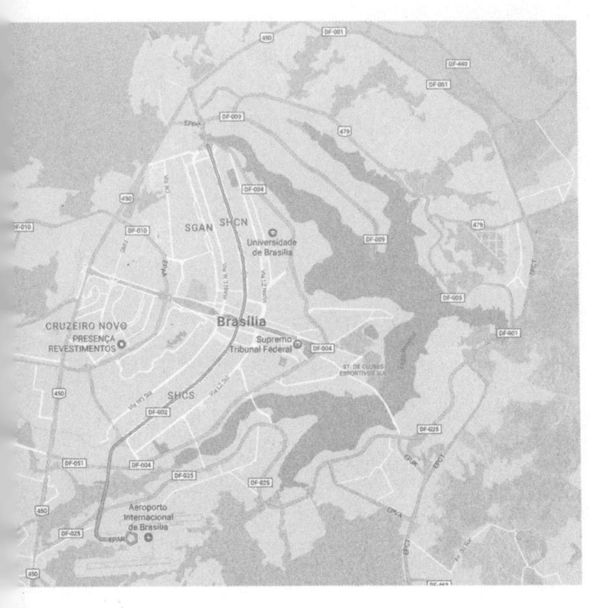

图 1-9 巴西利亚平面

中国的城市有别于世界上任何国家的城市，舶来理论是否与中国国情相符并未得到充分论证，但有一点是已经被证明的，那就是虽然中国城市较西方发达国家的城市发展晚了几十年，但他们经历过的城市问题我们也都一一经历了或正在经历着，导致这种局面最直接的原因是我们实际上借用了他们的发展模式，而同一模式下，结果相近是很正常的[32]。

香港的经验就很值得我们借鉴，香港并没有固守特定的规划理论，一直是在承认自身土地资源紧缺的条件下进行城市建设，从提高建筑高度、容积率等常规手段开始，逐步发展到注重步行交通网络连接、建筑低层开放等近人尺度的空间建设，在世界上最拥挤的城市中建立了发达的步行交通网络和多层级的公共空间体系。

在城市土地国有的制度下，任何机构或个人获得的土地都是使用权，城市空间作为受物权法保护的一种财产，其权属是建立在获得土地使用权的基础之上的，也就是说，本书不探讨土地的所有权，对城市空间的所有讨论都是以土地使用权为基础。

法律对“公”、“私”的界定存在模糊性。《物权法》规定了“国家所有权”，但是没有明确国家所有权及其用益物权中“公”与“私”的区别，导致在涉及公共空间等公共资源、国有资产的所有与利用问题上主体不清，[33] 概念混乱。《物权法》规定，国家机关直接支配的不动产和动产、国家出资的企业、城市的土地等的所有权归国家（第五章），“所有权人对自己的不动产或者动产，依法享有占有、使用、收益和处分的权利。”（第三十九条），也就是说，国家对上述“物”（动产和不动产）具有占有、使用、收益和处分的权力。然而在现实操作层面，上述“物”使用上并不都具有“公”的属性，如国家出资的企业所占据的城市空间，由特定法人代表，实际上具有“私”的属性，不同于具有“公”属性的公共空间，[34] 不能等同对待，这在法律上是没有明确表述的。

法律条文中的公共利益被泛化。宪法第十条规定“国家为了公共利益的需要，可以依照法律规定对土地实行征收或者征用并给予补偿。”、第十三条规定“公民的合法的私有财产不受侵犯。……国家为了公共利益的需要，可以依照法律规定对公民的私有财产实行征收或者征用并给予补偿。”这两条确立了征收私人空间的根本制度保障，即目的是公共利益、程序是依照法律、前提是给予补偿[35]。但在现实操作上存在公共利益泛化的困境，处理不当，要么公共利益形同虚设，让位于私人权力；要么公共利益被夸大滥用，侵犯私人利益。例如土地管理法第五十八条规定“有下列情形之一的，由有关人民政府土地行政主管部门报经原批准用地的人民政府或者有批准权的人民政府批准，可以收回国有土地使用权：（一）为公共利益需要使用土地的；（二）为实施城市规划进行旧城区改建，需要调整使用土地的；（三）土地出让等有偿使用合同约定的使用期限届满，土地使用者未申请续期或者申请续期未获批准的；（四）因单位撤销、迁移等原因，停止使用原划拨的国有土地的；（五）公路、铁路、机场、矿场等经核准报废的。”事实上扩大了征收的范围，增添了公共利益的模糊性，造成私人对空间权属的恐慌和不稳定预期。

改革开放后，中国城市建设的发展路径就是一道条件已知的求解问题，即如何在缺少资金投入和建设经验的情况下实现快速发展，计划经济遗留的“全能型政府”管理方式与前文所述的舶来理论一定程度上解决了这个问题，成全了城市建设与管理的高效、高速和简便。计划经济时期，“全能型政府”通过指令性计划和行政手段进行管理，政府扮演了城市空间生产者、监督者及控制者的“大家长”角色。虽然改革开放后，市场经济中的政府角色有所转变，但这种全能管理的思想并未根除，“统一建设，统一管理”的模式仍持续影响着我国的城市建设。

“政府出于对土地管理的有效和方便，借助于城市规划及其细化的控制性详细规划，将土地用道路切成小块，标上用地性质以及控制性的规划设计条件清单。这便于标价出售，也便于以此进行‘售后服务’（当然是售后管理）。这些提供给下属建筑设计单位的‘规划设计条件’是量化的指标，就好比某某商品的规格、型号一样的使用说明。”[36]管理的价值导向是“合规”而非“合理”，“合规”是用一种普适的方式对所有私人空间“平等”的使用一套繁琐的管控要求，先入为主地认为管控指标越多、越严格，最终结果就越理想，却回答不了“理想结果”是什么？如何实现？现有管理手段是否有效等诸多疑问，缺乏对“合理”管理的考虑。这种管理方式缺少弹性和自我调节能力，既背离市场经济规律，不能充分发挥市场配置空间资源的基础作用，又因政府不能真正实现全方位管理，而出现了缺位、错位、越位等管理问题。

政府既未能管理好其职能所在的公共空间建设，又过多干预了私人空间的建设，严重抑制了社会各方面参与城市空间建设的积极性，忽略了空间使用者的能动作用。开发商在取得地块后，遵循管理者的要求，按照追求利益最大化的资本运作逻辑进行建设，将容积率、建筑密度、建筑高度、绿地率等控制指标作为与政府讨价还价的条件，滋生了大量城市管理寻租的腐败现象。政府代替公众与私人管理，开发商代替公众与私人建设，这种少数人参与的城市建设，既难保证公共利益，也未给私人利益留有足够的表达空间。由众多“私人”所组成的社会公众群体，其主观能动意识势必薄弱不堪，而对于城市空间营造来说，缺乏社会各界的参与和支持终将出现品质低下的结果。

1.4 突出重围的可能

前文已经讨论了城市空间的现状，既有历史遗留的问题，也有不断形成的新的现象，其背后是千头万绪、盘根错节的原因。必须找到核心问题，才能提出一个整体解决答案。进而打通概念、理论、实践多个层面，提出适合中国城市特征的城市空间规划、建设和管理的理论框架。

如何界定公共空间和私人空间，是城市规划、建设和管理相关研究与实践必须解决的核心问题。已有的社会学或规划理论中，这些概念都有着丰富的内涵和广阔的外延，但当我们与现实问题对应时常出现错位，难以用于理解和解决当下中国城市空间中已经或正在发生的现象、出现的问题。例如有研究将商业空间及私人提供的广场视为公共空间，当这部分空间出现背离公共空间特征的现象时，就会成为被批判的对象，其研究背后并没有具有一致标准的概念的支持，及由概念生发的关于空间性质、空间行为、价值判断等的严密逻辑分析，结论的合理性存疑。

认识发生在中国的、有别于以往和其他任何国家的城市空间问题，其相关概念势必具有中国的特色。在城市土地所有权归国家的前提下，“土地≠空间”，因而在研究城市空间时，探讨的焦点不在于土地所有权，而是《物权法》规定“可以在土地的地表、地上或者地下分别设立”的建设用地使用权。划分城市空间的标准体现了研究或管理的目的，类似采用功能分区便于城市空间布局，采用用地红线以方便城市管理，本书将空间权属作为依据，将城市空间分为公共空间和私人空间——政府代表公共空间、私人代表私人空间，关注的是对现实城市的解释力，该定义可以有效地用于辨别各类城市空间“公”、“私”的属性，为梳理不同公、私属性空间的规划、建设和管理方式，及推动空间互动的方法提供支持，是本书理论框架及其相关策略的核心概念。

城市是一个复杂巨系统，不可能有一个理论涵盖所有城市要素和运行机理、解决所有城市问题，本书无意也无力做到，而是在观察和审慎思考下，选取影响城市空间的根本因素之一——公与私的权属，从这个角度展开理论构建，形成对城市空间的认知。对理论框架的探索来源于对既有理论研究的反思、实践两个方面。

对既有理论的分析在“1.3 管理体制的惯性”中有详细的阐释，总体而言，这些理论在处理城市空间相互关系上显得乏力、低效，从而导致城市空间的隔阂被扩大、整体性被破坏，需要能够指导黏合城市所有空间以形成有机城市的理论。因而，本书从空间权属入手，研究城市空间之间如何形成联系的纽带、如何处理相互的关系等核心问题，在空间生成的原则、空间主体的行为、以及规划、建设和管理等方面构成理论框架。

建构理论框架的另一个重要来源是实践层面，反思中国不同地域、功能、规模的城市，都面临着城市空间品质欠佳的共性问题，出现公共空间与私人空间之间关系混乱无序等现象，这既不能用已有的城市规划、建设和管理理论方法解决，也不能用一事一议的方式简单处理。虽然有很多学者从不同角度探索了改善城市空间品质的做法，并用于具体的实践项目中，但这些分散的做法不便于获取并形成从理念到方法、整体到细节的系统认知。必须有深入的观察和实践经验支撑。因此，本书关注理论与实践应用相结合，以理论框架为主线，整理相关的策略方法和国内外优秀参考案例，用实践佐证和完善理论、用理论指导实践。

注释：

[1] [日]沟口雄三著. 郑静译. 孙歌校. 中国的公与私·公私[M]. 北京：生活·读书·新知三联书店，2011：5-13.
[2] [日]沟口雄三著. 郑静译. 孙歌校. 中国的公与私·公私[M]. 北京：生活·读书·新知三联书店，2011：27.
[3] 纳道伊（Nadai）、路克（Luc）（Nadai，2000）对公共空间概念的历史研究指出，公共空间作为特定名词最早出现在20世纪50年代，在英国社会学家查尔斯·马奇（Charles Madge）于1950年发表的文章《私人和公共空间》，以及政治哲学家汉娜·阿伦特（Hannah Arendt）的著作《人的条件》中。
[4] 陈竹，叶珉. 什么是真正的公共空间？——西方城市公共空间理论与空间公共性的判定[J]. 国际城市规划，2009，24（3）：44-49.
[5] 陈竹，叶珉. 西方城市公共空间理论——探索全面的公共空间理念[J]. 城市规划，2009，33（6）：59-65.
[6] [丹麦]扬·盖尔，拉尔斯·吉姆松著. 汤羽扬，王兵，戚军译. 何人可，欧阳文校. 公共空间·公共生活[M]. 北京：中国建筑工业出版社，2003：59.
[7] 夏晟. 中国城市公共空间结构与社会演变的关联[J]. 建筑与文化，2005，（11）：60-63.
[8] 《中华人民共和国宪法》的第六条和第十条。
[9] 按照现行的城市用地分类标准，公共空间主要包括了行政办公、道路与交通、绿地及广场等空间。
[10] 陈竹，叶珉. 西方城市公共空间理论——探索全面的公共空间理念[J]. 城市规划，2009，33（6）：59-65.
[11] 于雷. 空间公共性研究[M]. 南京：东南大学出版社，2005：12-16.
[12] [丹麦]杨·盖尔著. 何人可译. 交往与空间（第四版）[M]. 北京：中国建筑工业出版社，2002：55.
[13] 招标、拍卖或挂牌。
[14] 五类主要用地规划占城市建设用地的比例规定为：居住用地25%～40%，公共管理与公共服务设施用地5%～8%，工业用地15%～30%，道路与交通设施用地10%～25%，绿地与广场用地10%～15%。其中属于私人空间的居住用地、工业用地比例为40%-70%，如果再加上公共管理与公共服务设施用地中的教育科研、医疗卫生用地等，以及非主要用地类型的商业服务业设施用地、物流仓储用地等私人空间类型，这个比例将会更大。
[15] 数据来源：国家统计局. 沧桑巨变七十载 民族复兴铸辉煌——新中国成立70周年经济社会发展成就系列报告之一[Z/OL]. 2019[2019-7-1]. 国家统计局. 2018年国民经济和社会发展统计公报[Z/OL]. 2019[2019-2-28].
[16] 数据来源：北京统计年鉴2018. 2018年中国国土绿化状况公报.
[17] 转引自：国家林业局. 国家森林城市评价指标[S/OL]. 2007[2017-2-17]. http://www.forestry.gov.cn/main/4818/content-797560.html.
[18] 根据《北京统计年鉴2018》、《2018上海统计年鉴》、《深圳统计年鉴2018》数据计算。限于数据缺乏，此处使用的数据为全市常住人口、户籍人口数，如若仅就城市地区人口计算，非户籍人口的比重还会更高。

[19] 丁萌萌，徐滇庆．城镇化进程中农民工市民化的成本测算 [J]．经济学动态，2014，(2)：36-43.
[20] 宋博，赵民．论城市规模与交通拥堵的关联性及其政策意义 [J]．城市规划，2011，(6)：21-27.
[21] 数据来源：北京市统计局，国家统计局北京调查总队．北京统计年鉴 2016[DB/OL]．北京：中国统计出版社，北京数通电子出版社，2016[2017-2-17]．http://www.bjstats.gov.cn/nj/main/2016-tjnj/zk/indexch.htm.
[22] [丹麦] 杨・盖尔著．何人可译．交往与空间 (第四版) [M]．北京：中国建筑工业出版社，2002：13-16.
[23] [美] 罗杰・特兰西克著．朱子瑜，张播，鹿勤等译．寻找失落空间——城市设计的理论 [M]．北京：中国建筑工业出版社，2008：7.
[24] [美]Stanford Anderson, ed. On Streets [M]. Cambridge, Mass.: MIT Press, 1978: 341.
[25] 李准．改革开放后的城市规划管理 [G]// 北京市规划委员会，北京城市规划学会．岁月回响——首都城市规划事业 60 年纪事 (1949-2009) (下)．2009：0750.
[26] 潘谷西．中国建筑史 (第五版) [M]．北京：中国建筑工业出版社，2004：408.
[27] 储传亨．苏联城市规划对北京城市规划的影响 [G]// 北京市规划委员会，北京城市规划学会．岁月回响——首都城市规划事业 60 年纪事 (1949-2009) (下)．2009：1150.
[28] 潘谷西．中国建筑史 (第五版) [M]．北京：中国建筑工业出版社，2004：408.
[29] 赵申，申明锐，张京祥．"苏联规划"在中国：历史回溯与启示 [J]．城市规划学刊，2013，(2)：113-122.
[30] [美] 罗杰・特兰西克著．朱子瑜，张播，鹿勤等译．寻找失落空间——城市设计的理论 [M]．北京：中国建筑工业出版社，2008：21.
[31] [英] 埃蒙・坎尼夫著．秦红岭，赵文通译．城市伦理——当代城市设计 [M]．北京：中国建筑工业出版社，2013：14.
[32] 戴志康，陈伯冲．高山流水——探索明日之城 [M]．上海：同济大学出版社，2013：50.
[33] 白慧林．城市公共空间商业化利用中公权与私权的冲突及解决 [J]．商业经济研究，2015，(11)：120-122.
[34] 例如法国民法上，私产是"在法律规定的限制条件下"自有处分的、属于个人的财产。(《法国民法典》第 537 条) 公产指由公法法人管理的、不属于任何个人的财产。传统上，公产可以细分为"属于公产的财产"与"属于国家或地方行政部门私产的财产"，也就是说，有些财产，既然属于公法法人，是属于 (公法法人的) 私产，就如同属于私人一样。([法] 弗朗索瓦・泰雷，菲利普・森勒尔著．罗结珍译．法国财产法 [M]．北京：中国法制出版社，2008：30-31．转引自：刘艺．公物法中的物、财产、产权——从德法公物法之客体差异谈起 [J]．浙江学刊，2010，(2)：139-146.)
[35] 李保平．实践公共利益的困境与出路——以征地拆迁为例 [J]．理论学刊，2009，(1)：103-106.
[36] 戴志康，陈伯冲．高山流水——探索明日之城 [M]．上海：同济大学出版社，2013：14.

建设和改造自己和自己城市的自由是最宝贵的人权之一，然而，也是迄今为止被我们忽视最多的一项权利。我们如何才能更好地行使这种权利呢?

——戴维·哈维（David Harvey）[1]

2 基本原则

社会规则和制度，是以便于理解的语言、文字等多种媒介手段对特定“目标”所进行的规范性“表述”，“表述”与“目标”存在差异，不能等同。然而，在城市空间规划、建设和管理中，常出现“表述 = 目标”的错误认知，在处理“公”与“私”的关系上，偏颇地遵循唯制度是从的原则，未认识到制度的“目标”是达成城市空间公与私的和谐关系。原则上的偏差，将导向异化的结果：如，将公共利益等同于政府行为（不设边界）、将空间规划等同于红线内的控制指标等，混淆空间权属及其对应的权力、责任，让相关方对如何处置空间无所适从——有权者未行使权力及承担责任，无权者擅自扩大权力，降低了城市活力和城市空间的利用效率，甚至造成空间浪费。

对待城市空间中“公”与“私”的关系，必须遵从最基础和最本质的原则——权属明确、权责一致，这两条原则对城市空间规划、建设和管理的意义重大，更构成了本书的基本观点：权属明确赋予空间权属主体有保障的预期，激发维护其空间品质的能动性；权责一致圈定了各空间所有者行为的合适范围，是保护自身权益的依据。这两条原则，既是审视现有规划、建设和管理的理论、制度合理性的依据，更是新的理论、制度构建所必须遵从的标准。

2.1 权属明确原则

权属明确是法治社会和现代城市空间管理的基本要求，关系人们对城市空间的预期，进而对空间资源的利用效率产生影响，明确的权属产生稳定的预期和空间资源的高效利用，不明确的权属产生不稳定的预期和空间资源的低效利用。

城市空间权属是空间所有权和使用权的归属。权属明确是法治社会和现代城市空间管理的基本要求，依据物权法中规定，通过法律手段确定的城市空间的权属具有确定性，除法律限制外不受他人意志的限制[2]，不容非法侵犯。权属明确意味着城市中没有一处空间是无权属主体的空间，也不会出现多个权属主体争夺同一空间的情况（图 2-1），保证空间与权属主体是一一对应的。

权属明确对城市空间资源利用效率是有影响的，甚至有时会起到决定性的作用。英国著名农业经济学家阿瑟·杨（Young Arthur）曾说过，“给某人以安全保障的占有一块岩石地，它将使该地变成花园；如给他以短期租借的花园，他将使之变为沙漠”[3]。“安全保障的占有一块岩石地”与“短期租借的花园”的差异，恰恰体现了明确的权属所具有的重要属性——稳定性、明晰性、分立性，可以使成本与收益内部化，更好的激励人们有效地利用空间资源。[4]

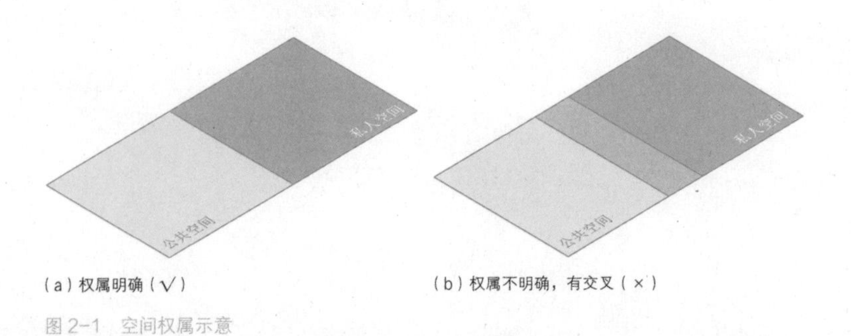

（a）权属明确（√）　　（b）权属不明确，有交叉（×）

图 2-1　空间权属示意

权属稳定可以形成稳定的心理预期，产生长期理性的空间投资行为；权属明晰，即所有的城市空间都通过法律界定，得到有效的利用，排除他人利用空间资源获取收益的可能，使得个人收益尽量接近社会收益，有效防范“搭便车”、“寻租”等行为，这是因为对空间越专有，投入的刺激就越大，空间的利用效率就越高；权属分立要求权属可以在不同所有者之间转移，不同的主体有不同的空间使用方式，产生不同的效益，这种自由转让有利于空间从较低价值的用途转向较高价值的用途，提高整个社会的产出，充分调动个人积极性，在自由竞争的基础上形成有效率的市场机制。[5] 从而，理性的人会权衡成本及收益，选择如下最优方案：有明确权属的空间，即便是“一块岩石地”，都倾向于长期投入，获取持久收益，使其变为“花园”；没有明确权属的“花园”，倾向于用最少的投入榨取最多的收益，甚至最终因过度使用而变为“沙漠”。

权属明确还赋予了权属主体保护自身合法权利的武器。以美国为例，美国是一个实行土地私有制的国家（土地 40% 公有，60% 私有 [6]），美国地方政府建立了完整的土地产权登记制度，并可以公开查询；私有产权拥有对土地的控制进入权、使用权、销售权、租赁权、赠与权和继承权等；除非为了公共用途并给予合理补偿，私有土地不能被征收。因为美国极其重视土地私有产权，私人空间在拆迁等情况下会得到严格的保护，例如曾获得过很多关注的伊迪斯·梅斯菲尔德（Edith Macefield）的小屋，位于美国西雅图巴拉德西北 46 街上，2006 年开发商计划在该地段建造商业楼，除梅斯菲尔德外的住户都与开发商谈妥价格后搬离，而即便后来开发商开出了数倍于梅斯菲尔德房子价值的补偿款，依然未使她动心，在美国联邦宪法对私产的严格保护下，最终开发商不得不修改设计方案绕开小屋（图 2-2）。

权属不明确会损害所有社会主体的利益，导致空间过度利用与浪费并存，根据新制度经济学的解释，权属是一种排他性权力，必须加以界定

图 2-2 伊迪斯·梅斯菲尔德的小屋

和安排，使之明晰化。如果权属不明，就会造成权属纷争，不能有效行使这种排他性权力，空间便不能有效地被利用，导致资源配置效率低下；招致短期行为，抑制改善空间的积极性，人们会拼命获取收益而不顾及对空间资源的损耗。

新中国成立以来，城市土地制度经历了从私有逐步转为国有的过程，从禁止一切土地交易开始，到在两权（所有权、使用权）分离和国家保留所有权的原则下重新界定了使用权，并逐步强化了使用权交易市场（图 2-3）。[7] 在土地制度变迁过程中，城市土地的所有权逐步归国家所有，但有些附着其上的空间权属却随着时间的演变而变得模糊不清，难以追溯。这种问题在旧城改造及拆迁中尤为明显，一户或几户权属不明就可能带来整体改造的延后甚至难以开展。

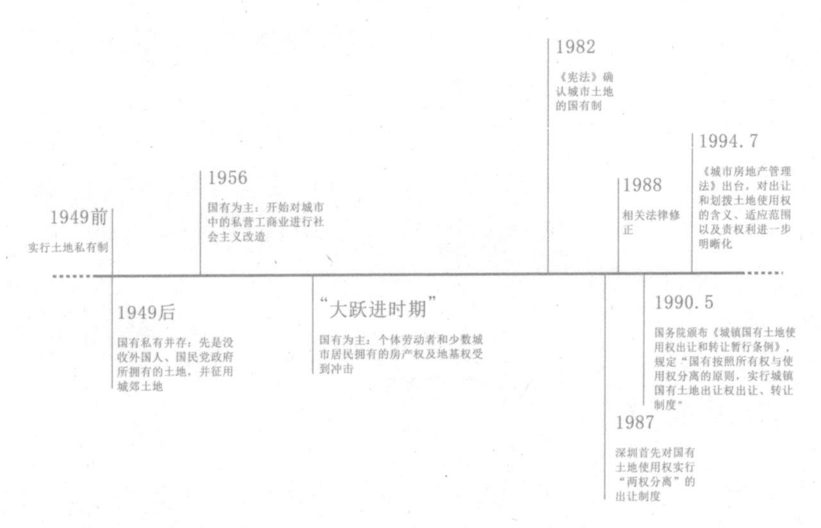

图 2-3 中国城市土地制度历史演变

在城市土地国有的体制下，土地权属是分离的，国家拥有名义上的土地所有权，使用者可以通过划拨、“招拍挂”等形式获得土地的使用权，也就是说，城市空间权属是建立在土地使用权之上的。而土地使用权是有期限的，附着其上的空间权属也受到了事实上的 40～70 年的使用期限限制，产生使用期限到期后权属归属不明的恐慌，一定程度上会抑制权属所有人改善空间品质的意愿。

2016 年 4 月，温州一批 20 年土地使用权到期或即将到期的商品房被国土部门要求缴纳 1/3 到一半左右的土地出让金以续期，重新办理土地证，而矛盾的是，物权法并没有明确说明土地使用权到期后如何续期（第 149 条规定：“住宅建设用地使用权期间届满的，自动续期”），法律与现实的冲突引发了全国热议，一些人甚至因此而产生了恐慌，事实上，在此之前青岛、深圳等地也出现了相同的事件，权属不明的遗患已开始显现。此外，出让与划拨获得的土地，土地使用人获得的是使用权，属于部分权益，但土地使用权与所有权的权责界限是没有明确界定的[8]，这就造成了事实上的空间权属不清。权属不清的弊端在城市空间中表现得尤为显著，这部分空间的权属主体“政府”是虚置的，作为资产所有者的全民或集体不具有行使所有者权力的行为能力，政府作为代表或代理人既不独立享有公有资产收益，又不对公有资产真正承担风险，[9]以至于部分政府不能较好履行“严格按照规划提供或者监督提供公共服务设施”的职责，反而常常导致公共设施被经营性项目取代，造成公共空间与公共设施严重不足，也使侵蚀公共空间的行为日益泛滥。

权属明确才能清晰界定城市空间主体权力、责任的大小，因此权属明确也是下一节“2.2 权责一致的原则”的基础。权责关系是建立在对“特定的资源占有支配利用关系和生产关系”上的[10]，亦即权责一致所包含的权力、责任不仅是一种抽象概念，更是物化的城市空间事务，有权属才能明确权力和责任。每个空间的权属都有与之一一对应的权责，权属变更势必引起权责的改变。

2.2 权责一致原则

权力隐藏在城市空间背后，主导了城市的形成、发展和变化，与权力相伴而生的是责任。因此，有多大权力就有多大责任、有多大责任就应赋予多大权力，做到权责一致，才能避免滥用权力等权责背离的现象，维护良好的城市空间关系。

多年来，让人们困扰并孜孜以求的一个问题是：以实体的物质形态矗立在世人面前的城市是如何形成、发展和变化的？从经济发展、技术进步、文化取向等角度所进行的解释都很有道理，但似乎并未触及问题的核心。城市社会学家罗伯特·帕克（Robert Park）曾提出城市是“人类最始终如一坚持的，并基本上最成功地按照他的意愿去改造他所生活世界的尝试。”[11] 那么“他的意愿”是谁的意愿？意愿又是如何成为现实的？

在这里，“他的意愿”其实就是权力所有者的意愿，亦即有形的城市空间背后流动的是无形的权力，主导了城市的形成、发展和变化，最终展现出体现不同“意愿”的城市空间景象，例如：皇权至上，帝王拥有绝对的权力之下，造就的是体现皇权至上和等级森严的城市（图 2-4）；西方市民社会，多元主体共治之下，形成的是鼓励公众参与和公众活动的城市（图 2-5）。

谈及权力就不可能离开责任，权力与责任是相伴而生的，这二者作为最基础的概念，几乎出现在社会科学的所有分支中，对其概念和关系的论述汗牛充栋，在不同的学科、语境、时代之下都有不同的解读。以权力的概念为例，中国古代典籍中有“贤而屈于不肖者，权轻也”[12]，“权”

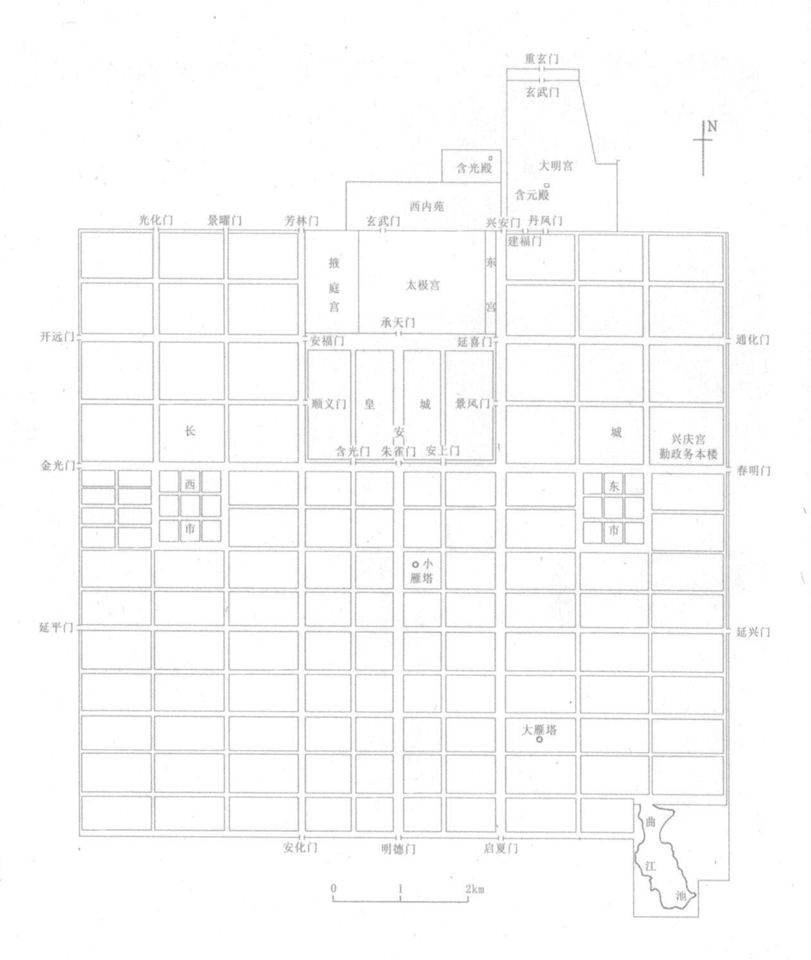

图 2-4　皇权至上的城市，体现威严和等级：隋唐长安城平面

作制约别人的能力之解；在西方政治学领域，卢梭等社会契约论者认为，政治权力是人们为避免暴力侵袭和战争而转让自己权力的契约。本书无意去辨识不同概念的异同，而是聚焦于在现代及未来城市建设语境下，城市中权力和责任的基础内涵。

权力最基础的属性是支配性，是主体对客体的支配与服从关系 [13]，是法律赋予的自我这样行为或不这样行为，或要求他人这样行为或不这样行为的能力或资格。[14] 例如，个人对自己的房产拥有拒绝他人非法进入的权力。而责任是对自己的行为负责，如果本可以采取某种行动

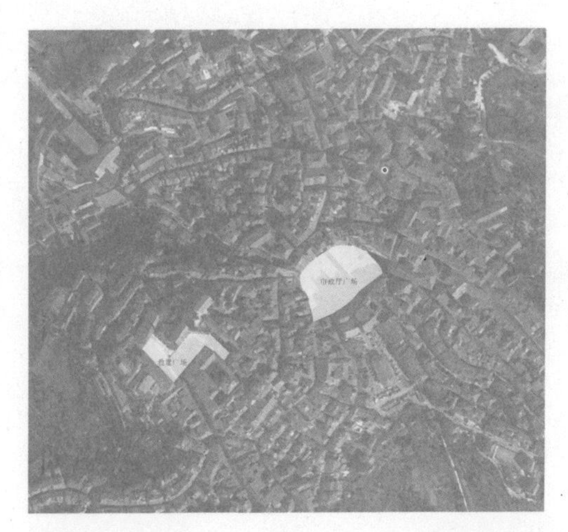

(a)

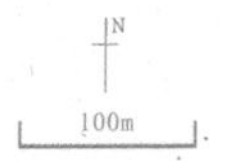

(b)

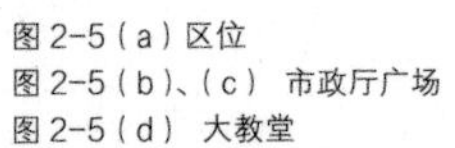

图 2-5（a）区位
图 2-5（b）、（c） 市政厅广场
图 2-5（d） 大教堂

图 2-5　中世纪西方自治市中出现市民公共空间：意大利古城锡耶纳

(c)

说明：中世纪的自治市有相当大的自主权，市场成为促进市民团结和形成公共空间的力量，涌现出很多服务于世俗公共活动的建筑，以市政厅为代表。图中是古城锡耶纳的教堂广场与市政厅广场，市政厅集合了市政办公、法律管理、接见使节、商品集市、宴饮游行等职能，这些职能涉及市民日常公共生活的方方面面，是真正意义上的市民公共活动场所。[15]

(d)

却没有采取，那他就是有责任的，也因此会受到别人的赞扬或责备，应该受到鼓励或惩罚[16]。例如，政府有责任保持人行道整洁、通畅，如果人行道长期被占用的行为未得到纠正，那么政府就是有责任的，并受到舆论的谴责。

缺少权力或责任的任何一方，都会导致另一方的畸形发展。责任的承担必须伴随权力的授予，否则责任无从谈起。权力的行使也必须与责任相伴，以制约权力的滥用和扩张。

利益赋予权力和责任存在的现实意义。“天下熙熙，皆为利来，天下攘攘，皆为利往。”[17]利益，乃人类活动的动力之源，[18]正如马克思所说：人们奋斗所争取的一切都同他们的利益有关，把人与社会连接起来的唯一纽带是天然必然性，是需要和私人利益。[19]这个经典论述指明，出于维护和实现利益的需要，承担责任就必须拥有权力，出于防止权力侵犯他人利益的需要，权力的授予就要伴随着责任的规定。[20]

毋庸置疑，权责一致是我们所追求的最理想状态。但是，我们所面对的现实却往往是对权力趋之若鹜、对责任唯恐避之不及，出现权责不对等的现象，即行使的权力大于承担的责任或承担过多责任而未被赋予相应的权力。任何城市空间主体的权责都是有限度的，超越这个限度，就会对城市空间的运行产生负面影响。权责膨胀就是超越限度扩张权责的边界，模糊了权力与责任的范围，陷入错误的责任 / 权力导致错误的权力 / 责任、无限责任 / 权力引发无限权力 / 责任的陷阱。以城市政府为例，政府的权责背离表现为：一方面积极承担公共责任，另一方面权力不断增强但履行责任的能力却没有随之增长。结果是，政府以承担各种名义的公共责任为由掌握大量权力，却最终没有转化为有效的公共利益。[21]权责背离会影响城市空间主体的积极性，产生责任推诿、权力滥用等负面影响。

空间是一种可以商品化、被消费，从而获取利益的稀缺资源，城市中的一切活动都与空间息息相关，空间的组织体现了各种社会关系，但又反过来作用于这些关系[22]。也就是说，城市空间背后涌动的是权力与责任的暗流，如果毫无限制，在利己的思想驱动下，人们倾向于拥有无限的权力、没有责任或有限的责任，势必造成空间关系的混乱和无序。

权责一致是法治社会建设的基本要求，是判断空间行为正确与否的标尺，它厘清了城市空间的关系，即城市空间主体所拥有的权力与所承担的责任是对等的。行使了权力就要承担对应的责任，承担了责任也应被赋予相应的权力。关注权力、责任范围的合理性，明确权责清单，才能真正做到权责一致，维护良好的城市空间关系。

2.3 公共空间的权责主体

在原始社会，随着生产力的提高，利益分化，出现私有制和私人利益，与公共利益产生冲突，“正是由于私人利益和公共利益之间的这种矛盾，公共利益才以国家的姿态而采取一种和实际利益（不论是单体的还是共同的）脱离的独立形式，也就是说采取一种虚幻的共同体的形式”[23]。政府的一切权力都来自于公民与国家之间签订的契约，或公民与政府之间的委托代理管理关系[24]，因而，政府不能仅代表某个或某几个私人的利益行事，而是必须要维护全社会成员共同的利益，避免私人恣意发挥其权力而伤及他人或公共利益。

公共利益有三种类型：代表公共理性的公共利益，这是公共利益最基本形式，包括公共政策、公共秩序、公共制度和法律，即“纯公共物品”，用以约束和限制个人的任意行为；作为公共生活条件而存在的公共利益，一种是自在形态的公共资源，如生态环境，另一种是国家、社会组织提供的有形公共物品，如公共绿地、文化、卫生；代表社会长远发展价值的公共利益，如国防事业、社会保障与福利事业。[25]公共空间是政府提供的“有形的公共物品”，承载着公共利益。

对于公共空间，政府负有不容推卸的权责，世界银行1997年公布的《世界发展报告》中指出，投资基本的社会服务和基础设施是政府的核心使命之一，亚当·斯密（Adam Smith）在《国富论》中也提到，政府的职责之一是“建立并维护某些公共机关和公共工程”[26]。

具体而言，政府的权责包括：

1）提供并维护供公众使用的公共空间。在“2015年中国城市规划学会城市设计学术委员会·深圳分会”[27]上，专家们同样也表达了政府的职责在于公共空间的观点。

袁牧（北京清华同衡规划设计研究院）：政府最重要的是做好自己该做的那部分，即提供给老百姓的公共开放空间。

黄卫东（深圳市城市规划设计研究院）：在做（深圳）特区公共空间规划的过程中我也发现，实际上政府能管的就是公共空间。私人空间自组织能力非常强，比如城中村、华侨城，组织得都比政府有序。

2）保护私人空间及其合法利益。对于私人空间，政府主要需做到引导、监督、宏观调控等作用，可以适当放宽对私人空间的管理，鼓励私人参与城市建设，发挥其主观能动性。例如上海太平桥地区的改造，政府与企业通力合作，企业积极参与城市建设，实现多方共赢。

太平桥地区位于上海市卢湾区北部，是高密度的旧式里弄聚集区，从1997年6月起，卢湾区人民政府招商引资，与香港瑞安集团签订《沪港合作改造上海市卢湾区太平桥地区意向书》，政府与企业通力合作开展改造。该项目摒弃传统的“先实施最高档商品住宅”的传统开发模式，改为实施历史保护区（即新天地）和太平桥公共绿地建设的“环境先行”的新模式[28]，先期建设了10000m^{2}的水景和绿化休闲空间，为公众提供了便于健身、休闲、交往的公共空间，从而，很大程度上促进了“新天地”改造成为新上海特色的高尚休闲场所，并有效推动太平桥地区的旧城改造。[29]

3）接受公众监督，如果政府未做到权责一致，将被纠正和惩罚。例如陕西省2014年开始实行的《陕西省城市公共空间管理条例》，从地方立法角度规范了政府对公共空间的权责及权责不一致的惩罚办法。

《陕西省城市公共空间管理条例》第六条 省人民政府建设行政主管部门负责全省城市公共空间规划、建设、使用和管理的指导监督工作。

城市人民政府规划、建设、市政、市容园林、综合执法部门（以下统称城市公共空间主管部门），负责城市公共空间的规划、建设、使用和管理工作。前述部门在城市公共空间管理工作中的具体职责分工由城市人民政府确定。

城市人民政府公安、气象、环境保护、国土资源、交通运输、工商等部门在各自职责范围内，共同做好城市公共空间管理工作。

第五十四条 城市人民政府有关部门及其工作人员在城市公共空间监督管理工作中，不按照本条例规定履行职责的，应当追究行政执法责任；滥用职权、玩忽职守、徇私舞弊的，由其所在单位或者上级主管部门对直接负责的主管人员和其他直接责任人员依法给予行政处分；构成犯罪的，由司法机关依法追究刑事责任。

2.4 私人空间的权责主体

私人是独立的个体，有自己特有的不允许别人干涉的私人生活领域，在这个领域内，私人有权处理自己的事情。按照亚当·斯密提出的经济学理论基石之一的“经济人假设”，私人是自利的经济人[30]，他们的行为永远都是在约束条件下的最优行为，以理性做出决策，追求利益的最大化，即私人利益。在这个以分工为基础的市场竞争中，如果每个人都自由追求自己的最大利益，就能实现社会利益，因为“他受一只看不见的手的指导，去尽力达到一个并非他本意想要达到的目的。也并不因为非出于本意，就对社会有害。他追求自己的利益，往往使他能比在真正出于本意的情况下更有效地促进社会的效益。”[31]

城市是无数个体追求自身利益最大化的结果，正是由于每个人都出于“自利的打算”，城市才会充满活力，拥有多样性的发展可能；同时，“自利的打算”必须在一定的“约束条件”下进行，使得每个人都尽力追求自己的利益，又做到不损害他人和公共利益。

城市生活由许多的个人所构成，单个人的行为是具有私人性的行为，他首要的目的就是满足个人的需要，实现自身的利益，如马克思和恩格斯所指出的“一切人类生存的第一前提也就是一切历史的第一个前提……就是：人们为了能够‘创造历史’，必须能够生活。但是为了生活，首先就需要衣、食、住以及其他东西。”[32] 因此，私人利益就是在一定的社会关系中，私人通过自己的活动占有其生存和发展所需的各种物质和精神产品，所获得的利益，具有排他性，以私人所有权及其权能为表征，也就是说，私人利益被特定的个人所享有，是一种非此即彼的社会关系，作为私人利益而存在的那些东西具有单一的归属。[33] 私人空间是私人满足自身生存和发展所占有的物质产品的一种，承载私人利益，也就具有了排他性、单一归属的特点，未经利益主体允许，任何占有和享用，都是不合法的。

私人有不损害公共利益、他人合法权益，以及不违反法律的责任，并承担未履行责任而被惩罚的后果，在此基础上方能行使对空间的支配权力，也就是说私人对私人空间的权力是专属于个人私有、私用而不涉及其他人的空间领域的[34]。可以看到，私人权责与其他私人的权责、政府的权责密切相关，需加以界定。

界定私人与私人之间的权责，以法律规定的权责范畴为依据。随着中国法治社会的发展、法律体系的完备，私人对私人空间的责任承担与权力行使都受到明确的法律保护，当发生纠纷时，可依法处理。所以，在法律允许的范围内，私人可以自由行使权力，例如，其他人未经允许不能擅自进入私人宅院，即便院子没有围墙，当有人擅入时，主人可以合理合法地请其离开（图 2-6）。

界定私人与政府之间的权责，以是否属于公共利益为依据。“公共利益”是很多国家区分政府与私人权责的一种通行标准，典型的是政府可以为了公共利益征用私人空间。但我们发现，“是否为了公共利益”并不是一个很容易回答的问题，政府被公众授权而拥有公权，但政府可以在多大程度上干预私人空间，亦即私人能够在多大程度上支配自己的私人空间，是很难界定的，在这样的情况下，政府稍不留神就可能侵犯了私人的权力。这个问题可以综合运用意识、法律、智囊等手段来解决，意识上，要平等尊重和保护公共利益和私人利益；法律上，宪法、土地管理法等都对公共利益的情形有所规定，可以作为法律依据；如果遇到特殊情况，可请专家团队协助判定。例如下文美国的经验[35]，审慎使用“公共利益”这个工具，避免假借公共利益之名侵害私人利益。

（美国）在案例不断积累的过程中，对于侵权和非侵权的界定、对于政府维护公共利益和私人业主行使合法产权之间的界定，也在不断完善和进行当中。法律只是阐述基本原则，具体到各个案例尚需具

图 2-6 胡同杂院门口写着“私人院落，谢绝参观”

人和家顺年年好

体分析，没有绝对的答案。因为产权的内容是千变万化的，另外对公共利益的界定也没有绝对的标准，州法院和联邦法院有时对同一案例也会做出不同的裁决。从历年来联邦最高法院的裁决来看，基本有这几条结论：

1）不仅永久性的侵权要给予补偿，暂时的侵权也要给予补偿，其金额应与该不动产受影响的时间成正比。

2）政府如果征用私产，要有实际的依据证明其行为所带来的公共效益，并且要证明如果没有此项规划要求，这个项目的结果会直接损害到公共利益。

3）如果规划导致某地产丧失了全部的使用价值，无论其目的如何都属侵权，除非该地产原有的使用是非法的。

注释：

[1] [英]戴维·哈维著．叶齐茂，倪晓晖译．叛逆的城市：从城市权利到城市革命[M]．北京：商务印书馆，2014：4.
[2] 龙翼飞，杨建文．论所有权的概念[J]．法学杂志，2008，29（2）：70-73.
[3] 转引自：张德粹．土地经济学[M]．台北：正中书局，1963.
[4] 陈鹏．中国土地制度下的城市空间演变[M]．北京：中国建筑工业出版社，2009：43.
[5] 陈鹏．中国土地制度下的城市空间演变[M]．北京：中国建筑工业出版社，2009：43.
[6] 林目轩．美国土地管理制度及其启示[J]．国土资源导刊，2011，8（1）：68-71.
[7] 陈鹏．中国土地制度下的城市空间演变[M]．北京：中国建筑工业出版社，2009：59.
[8] 夏传信，闫晓燕．中国城市土地产权效率存在的问题与改革建议[J]．河北学刊，2011，31（4）：173-175.
[9] 陈鹏．中国土地制度下的城市空间演变[M]．北京：中国建筑工业出版社，2009：57.
[10] 杨思基．关于公权力和私权力及其条件的分析——兼谈中国的政治体制改革[J]．中国矿业大学学报（社会科学版），2013，（2）：14-19.
[11] [美] Robert Park. On Social Control and Collective Behavior[M]. Chicago: Chicago University Press, 1967: 3.
[12] [战国]慎到．[清]钱熙祚校．慎子（诸子集成本）[M]．北京：中华书局，1954：1.
[13] 郭蕊．权责关系的行政学分析[M]．北京：中国社会科学出版社，2014：3.
[14] 沈宗灵．权利、义务、权力[J]．法学研究，1998，（3）：3-11.
[15] 于雷．空间公共性研究[M]．南京：东南大学出版社，2005：38-39.
[16] [英]戴维·米勒著．邓正来等译．布莱克维尔政治制度百科全书[M]．北京：中国政法大学出版社，2011：574.
[17] [汉]司马迁撰．史记[M]．卷一百二十九 货殖列传．北京：中华书局，1982：3256.
[18] 王青斌．论行政规划中的私益保护[J]．法律科学，2009，（3）：54-61.
[19] [德]马克思，恩格斯著．中共中央编译局编译．马克思恩格斯全集（第一卷）[M]．北京：人民出版社，1964：439.
[20] 郭蕊．权责关系的行政学分析[M]．北京：中国社会科学出版社，2014：18.

4）规划要求产权人付出的费用或满足的其他要求，应该与其项目带来的公众负担比例恰当。

权属明确、权责一致是简单、重要但又容易被忽略的基础原则，也是审视城市空间规划、建设和管理是否合理的“试金石”。无论是顺应国际化、市场化、法治化的时代发展，还是建设服务于人的良好城市的客观需求，都要求城市在更加有秩序的环境下去营建空间，秩序的重要来源就是权属明确、权责一致，前者给权属主体以有保障的预期，激发维护其空间品质的能动性；后者将城市空间主体的行为限定在合适的范围内，有权就有责，有多大权就有多大责，同理，有责必须有权，有多大责就有多大权。二者相互配合，共同构成了城市空间规划、建设和管理需要遵守的基础原则。具体而言，只有明确了公共空间及私人空间的权属主体及权责内容，才能找到维护和处置（交换、买卖、赠予等）二者自身利益的依据，做到“有理可依”、“有据可循”。

[21] 刘兆鑫．权责一致的公共管理逻辑——从行政国家说开去 [J]．领导科学，2013，(26)：24-25.
[22] [英] David Harvey. Social Justice and the City [M]. London: Edward Arnold, 1973:306.
[23] [德] 马克思，恩格斯著．中共中央编译局编译．马克思恩格斯全集（第三卷）[M]．北京：人民出版社，1972：37.
[24] [日] 伊贺隆，宇寒．什么是市民主体城市 [J]．现代外国哲学社会科学文摘，1987，(10)：58-61.
[25] 刘晓欣．“公共利益”与“私人利益”的概念之辨 [J]．湖北社会科学，2011，(5)：124-126.
[26] [英] 亚当・斯密著．郭大力，王亚南译．国民财富的性质和原因的研究：下卷 [M]．北京：商务印书馆，1983：284.
[27] 城市设计学术委员会．在新的政策和机制下，如何有序推进城市设计？[Z/OL]．城市设计学术委员会微信公众号，2015-12-31[2016-1-30].
[28] 徐明前，蒋滢．卢湾区太平桥地区规划事业发展及其启示 [J]．上海城市发展，2001，(5)：5-12.
[29] 周进．城市公共空间建设的规划控制与引导 [M]．北京：中国建筑工业出版社，2013：175-176.
[30] 对此，亚当斯密是这样表述的：“我们每天所需的食物和饮料，不是出自屠户、酿酒家或烙面师的恩惠，而是出于他们自利的打算。我们不说唤起他们利他心的话，而说唤起他们利己心的话。我们不说自己有需要，而说对他们有利。”（[英] 亚当・斯密著．郭大力，王亚南译．国民财富的性质和原因的研究：上卷 [M]．北京：商务印书馆，1983：14.）
[31] [英] 亚当・斯密著．郭大力，王亚南译．国民财富的性质和原因的研究：下卷 [M]．北京：商务印书馆，1983：27.
[32] [德] 马克思，恩格斯著．中共中央马克思恩格斯列宁斯大林著作编译局译．马克思恩格斯全集第三卷 [M]．北京：人民出版社，1960：31.
[33] 刘晓欣．“公共利益”与“私人利益”的概念之辨 [J]．湖北社会科学，2011，(5)：124-126.
[34] 杨思基．关于公权力和私权力及其条件的分析——兼谈中国的政治体制改革 [J]．中国矿业大学学报（社会科学版），2013，(2)：14-19.
[35] 邢锡芳．土地规划和政府对私人不动产的侵权——从政府征地和土地管理法规条例谈美国土地规划的法律基础 [J]．北京规划建设，2006，(3)：173-177.

最成功的城市空间展现出三个同样的特征，那就是：它们具有真正的开放性与渗透性；它们相对而言是朴素的；它们有清晰的空间边界。……空间边界的清晰，强化了特定场所的独特性，使其与城市的其他部分区别开来。

——埃蒙·坎尼夫（Eamonn Canniffe）[1]

3 空间界面

任何事物要明确自身的存在，就需要与周遭环境有准确的切分，城市空间也不例外。正如埃蒙·坎尼夫所说：“空间边界的清晰，强化了特定场所的独特性，使其与城市的其他部分区别开来。”[2]人们可以凭借由空间界面所建立起的空间领域感和空间关系，来认识、理解和体验城市空间：空间界面让私人权属所有者明确其拥有权责的空间范围，同时也界定了城市共有权责的开放空间范围。

根植于两个权属分界上的空间界面搭建起了城市空间联系的桥梁，这种联系建立在超越物质的更普适、稳定的基础之上——权属，因权属不同（公或私的所有权、使用权），空间有了分化，也因权属不同，使得空间界面成了信息交互的载体，从而具有丰富的内涵、形式、特征及变化的可能。

3.1 空间界面的定义

空间界面是由“空间”与“界面”复合而成的，其中，“空间”的重要属性之一是公或私的“权属”。城市中，空间界面是两个不同权属空间之间的接触面，分隔不同权属的空间，划定其空间范围。因此，空间界面也分隔了空间主体的权责与利益，也就是说，空间界面以内是空间权属所有人受法律保护的可自由支配的空间，有非常明确的权责、利益，不容非法侵犯。权属有（公或私）所有权和（公或私）使用权之分，不同所有权空间之间、不同使用权空间之间都存在空间界面。

初始状态下，空间所有权和使用权是一致的，所有权空间界面和使用权空间界面重合，这种情况我们称之为“空间界面”，它存在于不同所有权的公共空间与公共空间、公共空间与私人空间、私人空间与私人空间之间（图3-1）。当空间所有权者将部分或全部的空间使用权让渡给他人时，所有权、使用权分离，相应的就出现了“所有权空间界面”和“使用权空间界面”（图3-2），前者是行使所有权的空间范围，后者是行使使用权的空间范围。例如，SOM设计的深圳中心区（又称深圳CBD），在主要街道的临街建筑底层设置骑楼，以创造宜人、活跃的空间环境，骑楼的所有权归私人，使用权归公众，这样就出现了所有权空间界面和使用权空间界面分离的情况。

空间界面有“界面”、“权属”及“分隔”三个核心含义，“界面”意味着空间界面的空间意像是三维立体的，“权属”表述了空间界面的识别关键是权属的不同，而“分隔”则表明了空间界面的应用是将城市清晰地划分成独立的空间。

“界面”与“边界”都有表述不同属性空间之间关系的含义，常被混用，但在不同语境下，它们还是有细微的差别的。从本意上说，汉语词典中

（a）公共空间与公共空间

（b）公共空间与私人空间

（c）私人空间与私人空间

图 3-1　所有权与使用权一致的空间界面示意

图 3-2 所有权与使用权分离的空间界面示意

"边界"被解释为：领土单位之间的一条界线，国家之间或地区之间的界线。不同于界面，边界更强调"线"的属性。

在不同的研究目的下，边界也被赋予了不同的含义。从空间认知角度来说，"边界"是凯文·林奇提出的著名的城市认知五要素[3]之一，他认为"边界是除道路以外的线性要素，它们通常是两个地区的边界，相互起侧面的参照作用"[4]，包括山、河湖、沟壑、森林、高速公路、铁路线、港口等自然或人造的界线，在他看来，最强的边界是视觉明确、形式连续而且不可穿越的[5]，这种主观认知上的"边界"，实际上是个人活动与感知范围所及的"心理界标"，有宽度，有实体存在，但没有明确的标准规诫，即"我所认为的边界不一定是他人所感知到的边界"；简·雅各布斯从城市安全的角度，认为"在公共空间与私人空间之间必须要界线分明"，这可以"确保街道上的公共空间明确无误，与私人的或什么也不是的空间划清真正的界线。这样，那些需要监视的地方就会有一个清楚、适用的范围。"[6] 这里的"界线"，在区分公、私空间上，与本文的"界面"含义相近，差异在于，雅各布斯意在剥离出公共空间以使其获得精准的关注，但如何划分公共空间与私人空间，并没给出明确的标准。此外，她更关注的是近人尺度的空间事务，而非全部的城市空间。扬·盖尔从刺激和创造交往的角度，关注作为空间交界处的建筑物靠公共空间一侧，如何通过良好、舒适的环境设计，以激发更多户外活动，[7] 即创造"柔性边界"，这里"边界"被用于特定的空间情境中，即建筑物的邻近场地，而不具备整个城市空间的普适性。

从这些经典论述中可以看到，"边界"、"界线"更多地被视为一种线性要素，是用于分隔不同空间的“线”，虽然也有一些研究中使用“边界”表达了分界面的含义，但综合来看，界面可以包含边界的含义，又有更丰富的内涵。为了表述清晰，本书选择使用“界面”以更加突出其三维立体的空间意象。

空间界面的作用是将城市清晰地划分空间，划分的标准有很多，情感、物质、权属等都可以用来作为划分的标准，其中权属是最为稳定的。以城市中围墙的设立和拆除为例，如果用物质的围墙代表空间界面，这是一个空间界面设立与灭失的过程，但这种客观的描述并不能告诉人们围墙存在或不存在是否合理，也就是说缺少价值判断。如果用情感上的隔离与否代表空间界面，这是一个建立起领域感与开放性的过程，设立围墙形成领域感而阻碍了开放性，拆除围墙体现了开放性，但同样不能对围墙的存废做出价值判断。如果用权属代表空间界面，围墙的设立与拆除由于并未影响两侧空间的权属状况，因此并不改变空间界面，可根据空间界面两侧的权属状况做出价值判断，公与公之间的空间界面应当是开放的，围墙的设立违背了公共空间作为公共利益载体的职责，是不合理的，公与私、私与私之间，围墙的设立是私人在维护自身利益的同时也没有损害公共利益和他人利益的行为，设立具有合理性，拆除体现了私人对社会利益的贡献，是应给予鼓励的行为。

在城市规划、建设和管理中，红线[8]是控制空间范围最基本的手段，包括用地红线和建筑红线，用地红线划定了不同所有权空间的范围，建筑红线约束了建筑的实际位置。利用红线管理的重点在于，划定一个特定空间之后，关注空间内部的建设行为，对空间实行内向型管理；相比之下，空间界面的管理重点是划定空间之后，基于不同空间之间的关系，实行外向型管理，空间的管控要点源自对周边空间要求的回应。两种不同的管理逻辑形成的城市景象差异会很大。

使用红线的内向型管理，政府的管理焦点在私人空间内部，容易混淆政

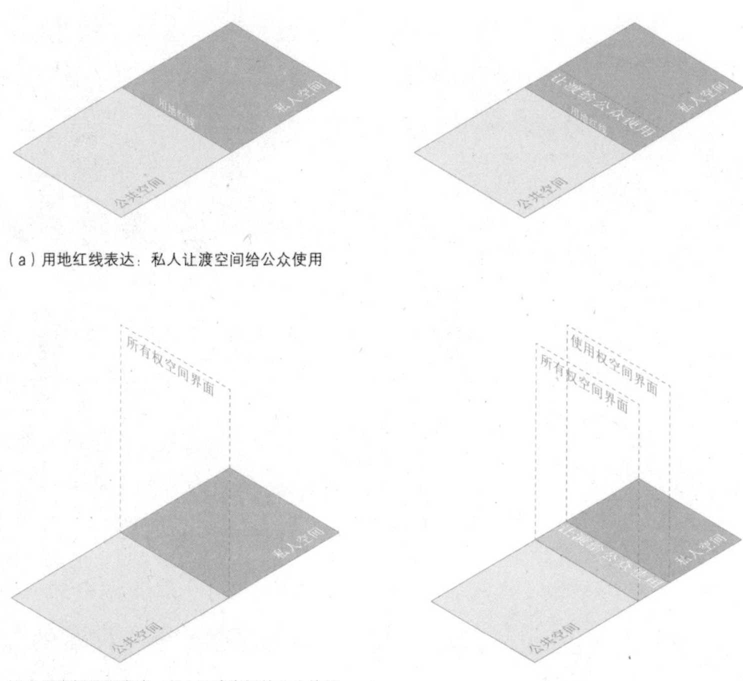

（a）用地红线表达：私人让渡空间给公众使用

（b）用空间界面表达：私人让渡空间给公众使用

图 3-3 用地红线、空间界面划定的城市空间关系示意

府与私人的权责，出现过度管理的情况，既增加了管理成本，又减少降低了私人主动参与的可能性和积极性，最终，政府过分控制了私人空间内部的建设行为，又没有理顺不同城市空间之间的关系。

空间界面的外向型管理，直接面对空间所有者和空间使用者，他们的权责都是基于是否拥有所有权或使用权。用“权属”界定空间后，使得相关方都非常明确自身权责和可以作为的空间范畴，也使政府从细琐的本应由私人承担的空间建设行为中脱离出来，有更多精力关注不同权属空间之间的组织与协调，避免了行政的过度管理。同时，所有利益相关者都能以空间界面所界定的权属为依据，来维护自身利益和避免侵犯他人利益。

再者，现实的城市空间是非常多样化的，空间的所有权、使用权都可以通过法律手段进行改变，面对这种变化的可能性，红线显得力不从心；

空间界面却可以随所有权、使用权的变化而移动，来准确反映空间权属、权责的变化（图 3-3）。

3.2 空间界面的形式

空间界面的开放与否是城市活力的重要表征，封闭的空间界面隔绝交流，开放的空间界面促进交流的发生，处理得当将成就最具活力的空间，反之则可能导致最消极无趣的空间。

根据空间、视觉、心理三个层面开放性的不同，空间界面有完全封闭、封闭但视觉开放、空间开放但心理不开放、完全开放四种形式（表 3-1），这些形式可以单一使用也可以组合使用。

1）完全封闭的空间界面：指空间、视觉和心理上均不开放，处于完全封闭状态的空间界面。

2）封闭但视觉开放的空间界面：空间界面材质或高度允许视觉穿透，但空间上不开放的空间界面。

3）空间开放但心理不开放的空间界面：一定限制的空间界面，心理上产生不开放的感觉，但空间和视觉都开放的空间界面。

4）完全开放的空间界面：在空间、视觉和心理上均开放的空间界面。

空间界面的四种形式　　表 3-1

开放性	形式	内涵 “√”代表开放，“×”代表不开放		
		空间开放	视觉开放	心理开放
低	完全封闭的空间界面	×	×	×
↓	封闭的视觉开放的空间界面	×	√	×
↓	空间开放但心理不开放的空间界面	√	√	×
高	完全开放的空间界面	√	√	√

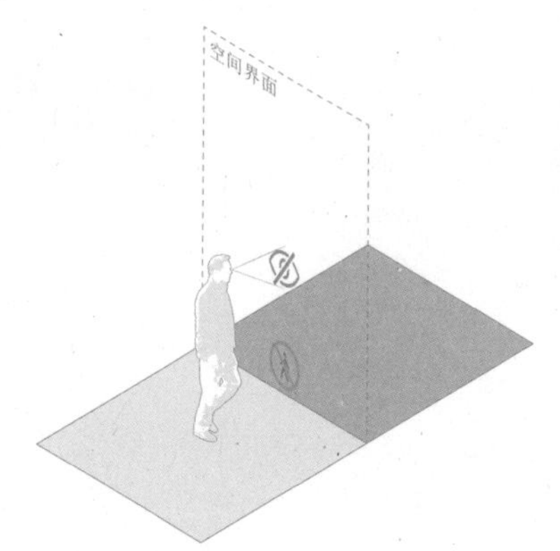

图 3-4 完全封闭的空间界面

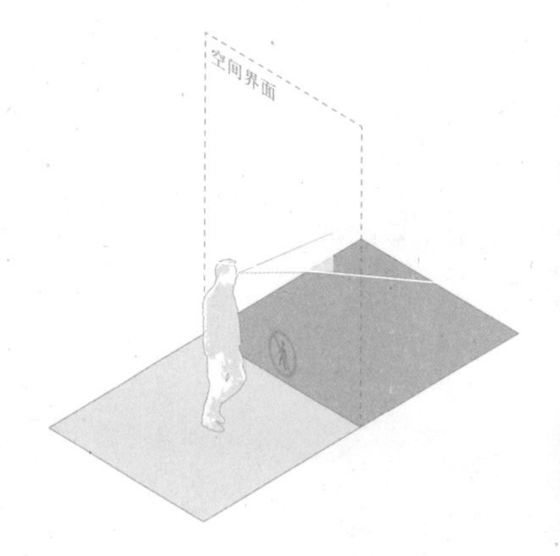

图 3-5 封闭但视觉开放的空间界面

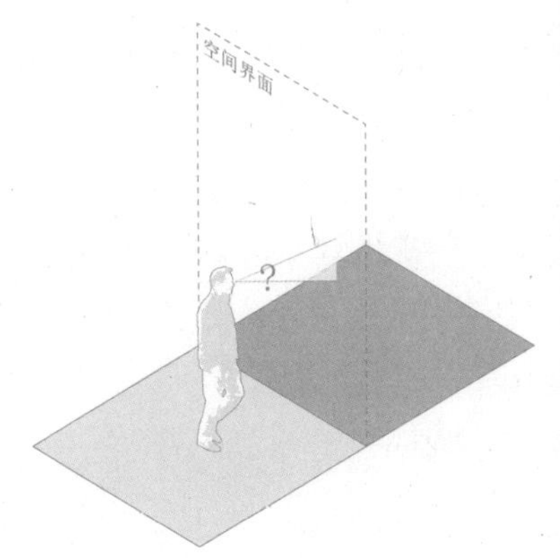

图 3-6　空间开放但心理不开放的空间界面

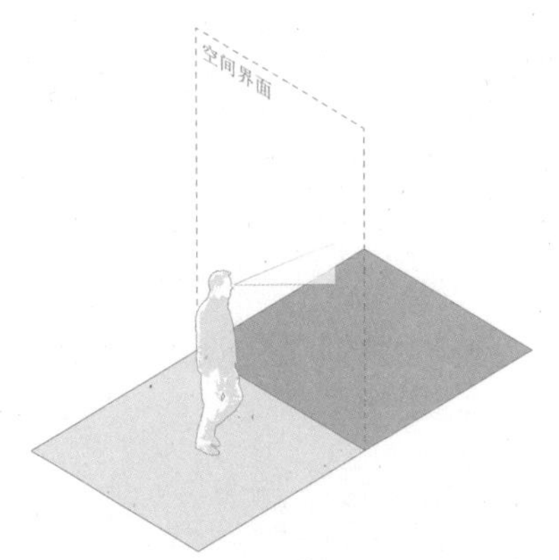

图 3-7　完全开放的空间界面

3.3 空间界面的特征

空间界面的各种表现形式都是通过物质实体来实现的，但空间界面本身是非实体的，只要有权属的不同，就存在空间界面。只要有实体，就会占据一定的空间，按照权属明确的基本原则，城市中所有空间都有明确的权属，而空间界面是不同权属空间的交接面，并不属于单独的某个空间。例如图 3-8 中，公共空间和私人空间的空间界面未随围墙位置的改变而变化，虽然图中三种情况都属于“完全封闭的空间界面”，但围墙的权属是不同的，从左到右分别属于公共空间、公共空间和私人空间各半、私人空间。换言之，围墙不是空间界面，但围墙所产生的公共空间、私人空间之间完全封闭的状态，使得空间界面成为“完全封闭的空间界面”。

空间划分包括地上、地面、地下三个层面，在这三个层面中，都存在不同权属空间的分界，即存在空间界面。如果将三个层面的空间界面连接在一起，就会得到一个连续的闭合界面（图 3-9）。因此，空间界面是一个完整的空间权属划分的概念，在上述三个层面中，空间界面可能重合，也可能存在于不同的位置，而后者在城市的中心地区的空间立体开发中往往要区别对待。

图 3-8　空间界面的非物质实体性

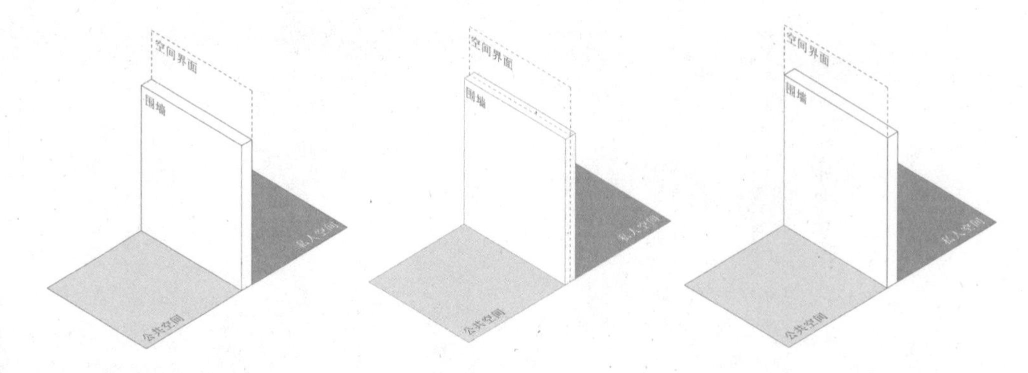

从左到右，围墙分别属于：公共空间，公共空间和私人空间各半，私人空间。

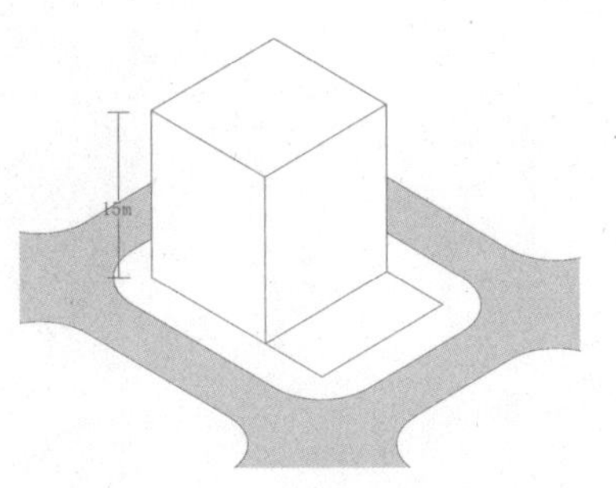

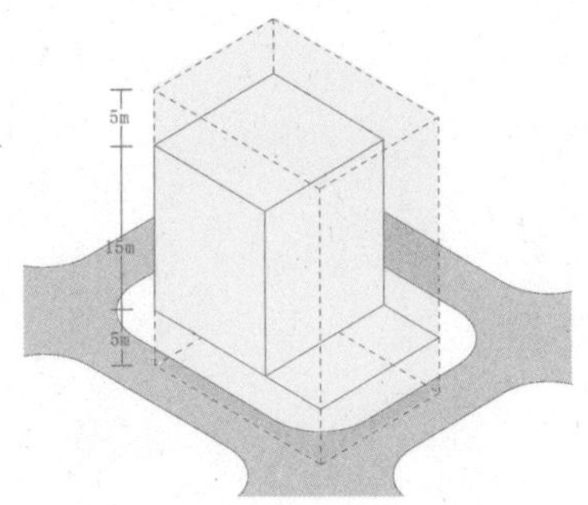

图 3-9　空间界面的连续性　（a）地块情况：限高地上 20m，地下 5m；实际建设地上 15m，地下 0m　（b）该地块空间界面示意

说明：假定某私人地块限高为地上 20m、地下 5m，那么，不管该地块上的建筑占地面积多大、实际建设高度多高（不能超过限高），该私人空间的空间界面都是纵向上地上 20m、地下 5m，横向上以用地红线为四至所形成的连续的闭合界面，空间界面以内的空间权属归私人所有。

空间界面是两个不同权属空间共同作用的结果，其形式决定于更“保守”（封闭）的一侧空间所采取的空间界面形式。以图 3-10 中完全封闭的空间界面为例，假定其两侧分别为公共空间和私人空间，公共空间采取了完全封闭的空间界面（属于四种空间界面形式中最保守的形式），则私人空间在界面处无论如何处理，都无法改变空间界面的形式。这个特征提示我们，当想要空间界面形式更加开放时，需要改变“保守”（封闭）一侧空间的态度，也就是说城市空间界面形式的改变源自相对消极的一方。在下图中，当希望空间界面变为完全开放的形式时，对于（a）情况，应该努力让公共空间做出改变；对于（b）情况，公共、私人空间都需做出改变；对于（c）情况，公共空间比私人空间在开放程度上应做出更多改变。

权属具有法律意义上的稳定性，但权属并非一成不变，也可通过法律手段进行更改。正因如此，权属具有一定的动态性，作为空间权属边界的空间界面也同时具有了稳定性与动态性。稳定性保障了空间界面

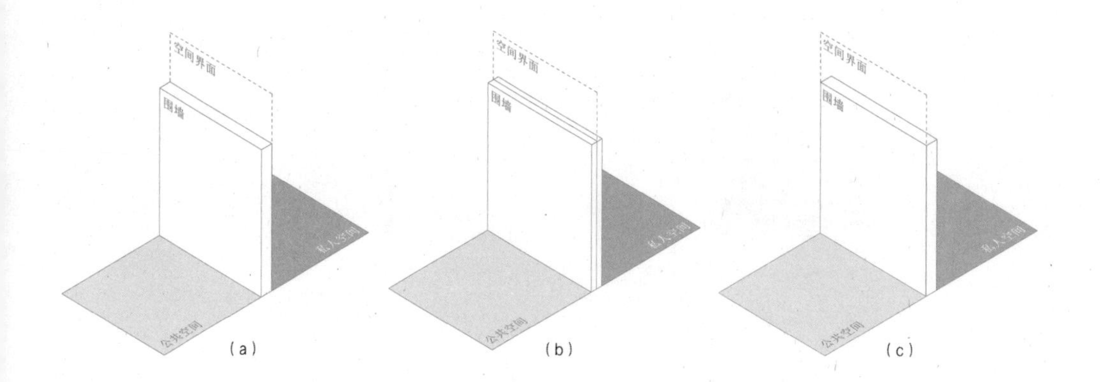

图 3-10　完全封闭的空间界面的几种情况

从左到右的空间状态：(a) 公共空间完全封闭，私人空间完全开放；(b) 公共空间完全封闭，私人空间完全封闭；(c) 公共空间完全封闭，私人空间完全开放

两侧权属主体的合法权利不受侵犯，明确了其应承担的责任范畴；动态性意味着空间界面会随权属的变化而变化，相应的权责、利益也随之变化，赋予城市空间更多变化的可能。没有稳定的空间界面，就无从进

注释：

[1] [英]埃蒙·坎尼夫著. 秦红岭，赵文通译. 城市伦理——当代城市设计[M]. 北京：中国建筑工业出版社，2013：162-163.

[2] 埃蒙·坎尼夫用的是“空间边界”而非“空间界面”，其阐述的含义也适用于“空间界面”，后文会对二者的区别做详细分析，并阐明为什么本书中采用的是“空间界面”。

[3] 五要素分别为道路、边界、区域、节点和标志物。

[4] [美]凯文·林奇著. 方益萍，何晓军译. 城市意象[M]. 北京：华夏出版社，2001：47.

[5] [美]凯文·林奇著. 方益萍，何晓军译. 城市意象[M]. 北京：华夏出版社，2001：47.

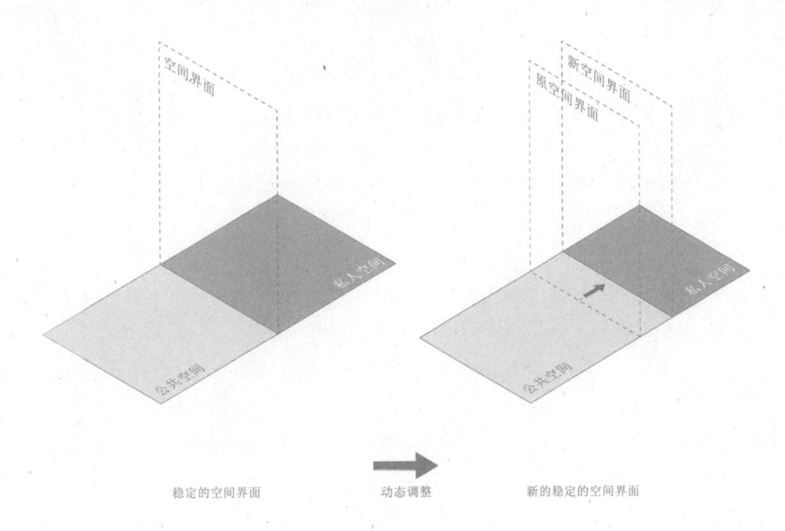

图 3-11 空间界面的稳定性与动态性

行动态调整，动态调整的最终结果，也必然是形成新的稳定的空间界面（图 3-11）。因此，在探讨空间界面时，稳定与动态二者不可偏废，通过空间界面的动态调整可达到城市空间秩序的最佳状态。

[6] [美]简·雅各布斯著. 金衡山译. 美国大城市的死与生[M]. 南京：译林出版社，2006：34-35.

[7] [丹麦]杨·盖尔著. 何人可译. 交往与空间（第四版）[M]. 北京：中国建筑工业出版社，2002：187.

[8] 红线有用地红线和建筑红线，其中，用地红线是各类建筑工程项目用地的使用权属范围的边界线。建筑控制线（建筑红线）是有关法规或详细规划确定的建筑物、构筑物的基底位置不得超出的界线。两条线的关系为建筑控制线≤用地红线。（中华人民共和国住建部《民用建筑设计通则》GB 50352—2005 [S]. 北京：中国建筑工业出版社，2005.）

在绝大多数相关论述中，研究公共参与的专家们要么鼓励公共管理者广泛接受公共参与，要么警告公共管理者注意在公共参与过程中潜藏的危险和陷阱。遗憾的是，这两个方面的论证都没能给公共管理者提供太多的帮助，这使得他们对如何采用某种公共参与形式去解决特定的公共问题依然深感迷茫。

——约翰·克莱顿·托马斯（John Clayton Thomas）[1]

4 城市空间界面理论

无论是为了提高城市的整体形象，还是为了满足市民的生活需求，良好的公共空间品质都是不可或缺的。为了营造良好的空间品质，需要回答以下三个问题：

第一个问题，什么是良好的城市空间品质？“从城市制度的角度来讲，城市就是生产和消费公共产品的场所：有公共产品，就是城市；没有公共产品，就不是城市。”[2] 营造良好城市空间品质的关键在于建立城市公共空间体系。

第二个问题，谁来决策？20世纪中叶，城市规划的主流是“为人民规划”（planning for people），随后自由主义思潮上升，转变为“人民（参与）规划”（planning of people），到了20世纪最后的20年，反思和调整规划师角色，强调联络与沟通的重要性，提出“人民做规划”（planning by people），及至21世纪，开始强调“政府－市场－社会”协作的混合式规划。[3] 伴随着公民社会、城市多元治理思想的崛起和发展，未来的规划势必要在多元主体的共同参与、决策中完成。

第三个问题，怎么决策？城市空间规划、建设和管理复杂且多元化，伴随着各方参与城市事务意识的不断提升，原有的政府提供公共产品、主导城市空间的模式势必将被市场经济、多元主体参与的力量逐渐替代，新的空间发展模式即将到来。

为此，本章探索性地提出城市空间界面理论，力求从原理层面阐释城市空间规划、建设和管理过程中所存在的多方关系，并通过城市空间界面博弈平台的搭建及博弈模式的探讨，达到协调各相关方的利益、推动相互之间合作的目的，最终形成保障和提升城市公共空间品质的有效机制。

4.1 博弈目的

"一百个人眼中有一百个哈姆雷特",一百个人眼中也有一百个美好的城市空间愿景,与生活在城市中的人聊天,让我惊讶的是,面对"什么是好的城市空间?"这样一个复杂的问题,大部分人给了我明确而具体的答案。深受堵车之苦的司机希望交通能够顺畅;老人希望附近有散步的公园和广场;上班族希望人行道能够更加的宽敞;小孩子希望能有更多的玩耍场地。对于良好城市空间的希冀,人们不约而同地指向了公共空间。让人们厌烦的城市有各种各样的原因,而那些受到人们喜爱、让人们愉悦的城市,无不致力于公共空间的持续改善。

城市空间界面理论就是试图寻找到一条维护城市公众利益、构建公共空间体系,提高城市空间品质的有效路径。

城市空间是由所有生活在城市中的人共同营造的,根据所代表利益的不同,他们分属不同的阵营,既为了共同的利益而相互依存,也为了增进自身的利益而彼此戒备,只有在不断的博弈中才能达成城市空间建设的方案。

20 世纪 70 年代,位于西班牙东北部地中海沿岸的巴塞罗那遭遇了工业衰退、环境污染、基础设施建设空白、生活环境恶劣等困境,为了解决进一步发展中城市活力和动力不足的问题,巴塞罗那将改善和增加公共空间放在了城市复兴的首位,[4]1990 年,巴塞罗那政府积极听取专家和市民的意见,大力推行复兴城市公共空间的一系列举措,其中最重要的一个内容就是对巴塞罗那扩展街区中占用的公共空间进行清理,这项工作一直持续到今天还在进行,过程虽然困难重重,但效果也是显著的。将近 10 万 m^2 的街区内部占用空间被腾退出来(图 4-1),这些空间经过城市设计师的精心设计,成为了街区公园、活动广场及城市绿地,并免费开放给所有人使用(图 4-2),提供了开展多种文化娱乐活动的场

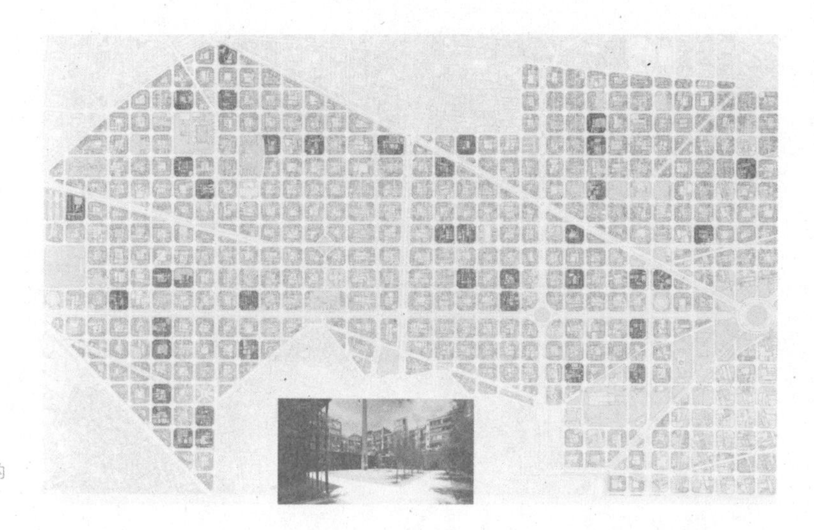

图 4-1　巴塞罗那腾退出的公共空间

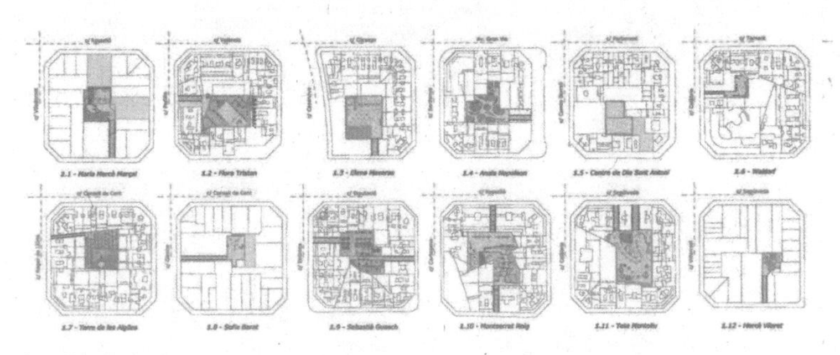

(a) 设计图

(b) 实景

图 4-2　巴塞罗那腾退出的公共空间的利用模式

所，此举极大改善了巴塞罗那市民的生活质量，提升了城市活力，使这里成为了极具特色的历史文化名城，巴塞罗那对公共空间的改造方式更被称为“巴塞罗那模式”[5]而广为人知。

即便是在用地紧张的城市，也不乏做出高品质城市空间的先例。到过香港的人都会震惊于在如此狭小、拥挤、喧嚣的城市中，还能有如此丰富和完整的可供公众活动的空间，以中环人行天桥系统为例（图 4-3），

图 4-3 香港中环人行天桥系统

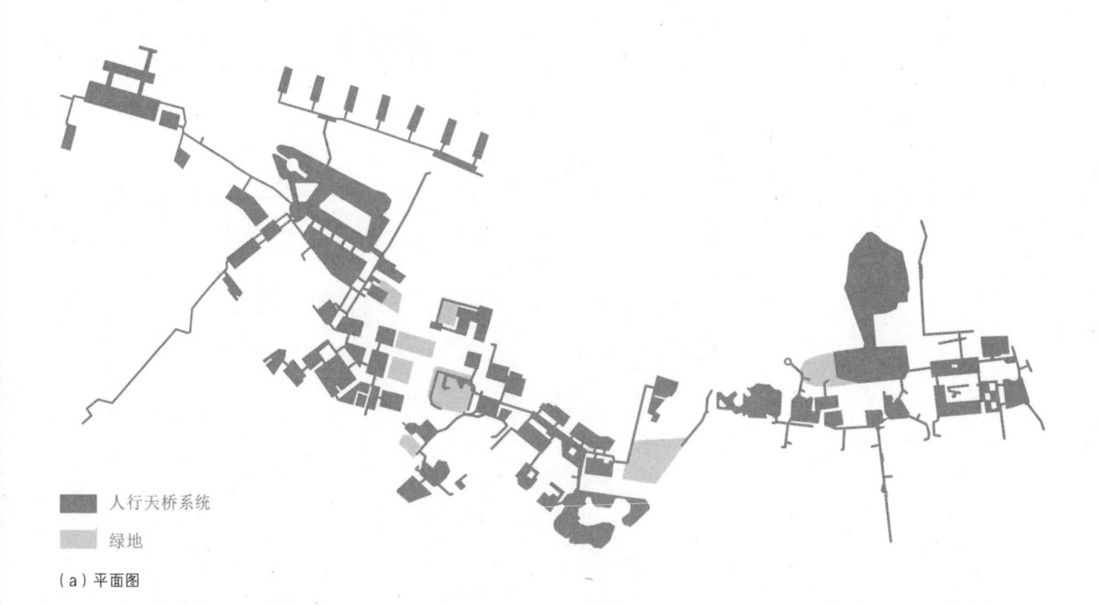

（a）平面图

（b）实景图

通过步行街、人行道、天桥、地下通道、袖珍公园、花园平台、建筑共享大厅、屋顶花园等多样化的公共性空间，打造出由北至南，连结维多利亚港、金融商业区各大厦、半山住宅区、机场快线与地铁站的步行网络[6]，这样人们不需要在地面上的车流中穿行，就可以通过四通八达的人行通道自由往来于购物中心、写字楼、公园等场所之间。

根据钱学森先生在20世纪70年代提出的系统论思想，城市可以看作是由一些相互关联、影响和作用的组成部分所构成的具有一定功能的整体，系统整体的作用大于系统各部分之间的简单总和。[7]换言之，城市空间品质的营造不能仅仅建立在一个个孤立的公共空间、私人空间的自我营建之上，而是在于让这些空间建立起良性的互动关系，形成完整的、系统的公共空间体系。要想达到上述目的，就需要政府和市民担负起共建的责任，积极参与其中，即公共空间体系应当是公、私合作提供的一项公共产品。由此可见，建立起政府与公众所代表的“公”与私人所代表的“私”的合作伙伴关系至关重要。

前述章节提出权属明确、权责一致的基本原则，明确了政府与公众是公共空间的权责主体、私人是私人空间的权责主体（第二章），识别分隔公、私空间及利益的空间界面（第三章），为城市空间界面理论的建立提供了共识基础，即：第一，无论是政府还是私人，都有足够的动力维护好自己空间的品质；第二，政府应当基于公共利益的需求管理私人空间，除此之外，政府不应干涉私人空间的建设行为；第三，政府需要通过市场的方式激励私人积极参与到城市公共空间的营建中。这样可以保证，无论是公共空间还是私人空间，其权属所有人都能明确其所拥有的权力、责任，即参与博弈的“筹码”，通过博弈改变空间界面，进而改变公、私利益的分配格局。在此格局下，政府管理公共空间，私人被激励让渡公共性私人空间（使用权归公众，所有权归私人）或直接转让空间所有权给政府，成为公共空间的一部分。

最终结果，通过政府与私人的博弈，形成了由公共空间、公共性私人空间构成的，由公共使用权空间界面包络的公共空间体系，既满足了公共利益的需求，又通过适度管理私人空间保障了合理的私人利益；既明确了政府、私人的职责，又能充分调动各方参与城市建设的积极性。公共空间体系具有公共空间的一般共性，也拥有保障体系化建设所需的特征。包括：开放性，这是公共空间体系最基础的特征，要求其能被所有人共同、平等地获得和使用，并且容易识别和到达；稳定性，即权属稳定的特征，通过立法、法定规划、土地出让合同等具有法律效力的手段，将公共空间体系，尤其是其中公共性私人空间的范围、形态、使用与管理要求等确定下来，非法律手段不能更改，以保障其可以持续的被公众使用；连续性，公共空间体系在水平和垂直方向上都应当顺畅连接、不被阻断；以步行为主，在人的行为上，公共空间体系应具有步行为主的特征。

公共空间体系拥有丰富的形式。在水平方向上，有位于建筑内的“实”空间，即室内公共空间，多见于用地较紧张的区域，如将建筑首层架空提供给公众使用；还有非建筑的“虚”空间，即室外公共空间，是公共空间体系的主要形式（图 4–4）。在垂直方向上，有位于地面以下的空间，包括下沉广场、地下通道等；有位于地面的空间，包括公园、地面广场、建筑首层架空形成的公共空间等，与地下、地上空间相比，此类空间更便于公众到达和使用，为公共空间体系的主要形式；还有高于地面的空间，如屋顶花园、人行天桥、二层及以上的建筑架空和通廊等（图 4–5）。

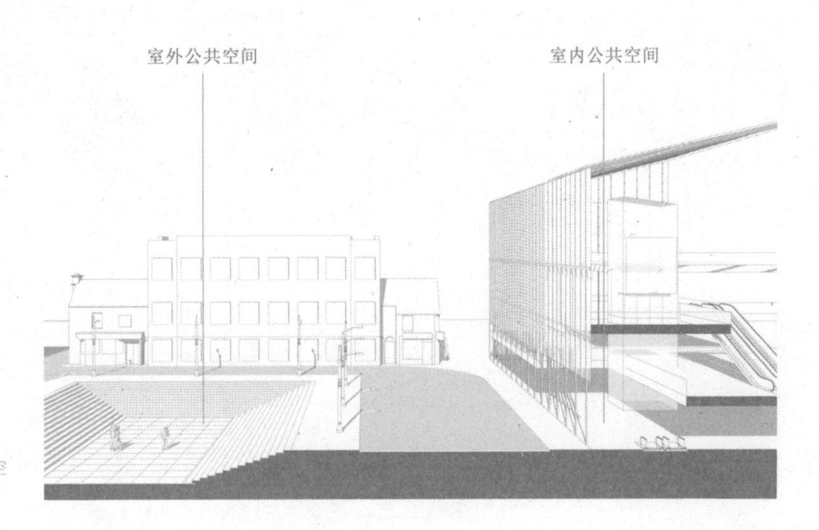

图 4-4　水平方向上公共空间的物质形式

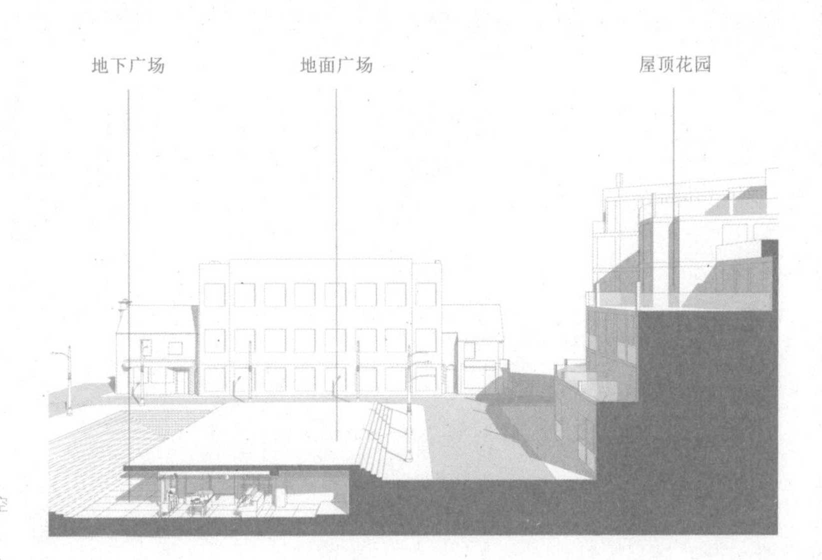

图 4-5　垂直方向上公共空间的物质形式

4.2 博弈规则

博弈的参与方一定是“各怀心思”，有自己的目的并希望能够达成。那些擅长利用规则的参与方会尽力将规则用到各自的优势上，引导博弈向对自己有利的方向发展；不擅长利用甚至忽视规则的参与方，会招致失败，输掉博弈，或因无法参与博弈而阻碍博弈的进程。因此，掌握博弈的规则非常重要。

规则一：利益最大化。博弈中可能有赢方也可能有输方，前者在博弈中受益，后者在博弈中受损。无论是代表公众利益的政府，还是代表私人利益的私人，没有人想输，都希望自身利益能够尽可能增加，如果博弈后的利益甚至小于博弈前的利益，则会退出博弈，导致博弈失败，图 4-6 中共赢或不变的博弈是参与者都能够接受的博弈结果。

规则二：利益交换。博弈的本质是利益交换，这里所说的利益指的是城市空间所能产生的社会、经济、生态等利益的总和，其表现方式是多种多样的，可以表现为空间面积、资金、土地出让年限、发展机会等形式，这些都可以作为博弈的“筹码”用于交换。

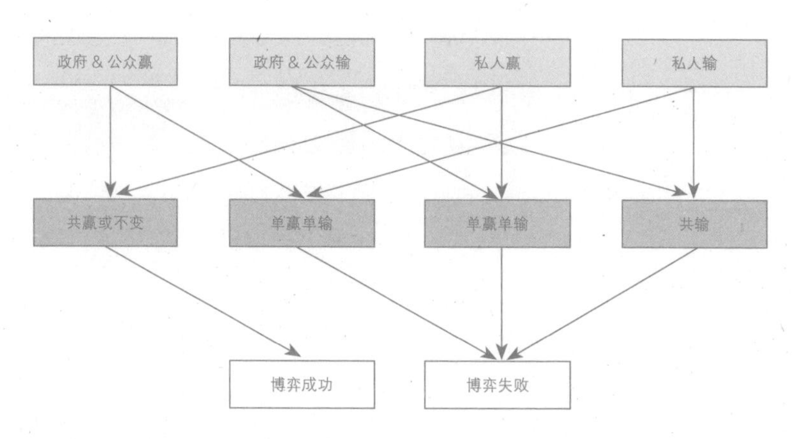

图 4-6　博弈的几种可能结果

规则三：建立共识。通过顺畅的沟通渠道和共享信息，让博弈参与方能够充分表达他们的利益诉求，以尽可能多的获得利益相关方的积极支持，减少消极的因素，促进最终被博弈参与者认可的方案的形成，即建立共识。为保证共识的稳定性，预防后期可能出现的问题，需要通过法律等形式将共识固化下来，得到正式的认可。

4.3 博弈参与者

博弈的参与者，一类是主角，他们是直接的利益相关方，参与或决定决策进程，他们有权移动、变更空间界面来重新分配利益，如政府、公众、私人空间的所有者；另一类是配角，他们仅提供技术支持，不直接参与空间界面改变所带来的利益分配，如规划师、专家、民间组织等。其中，政府、规划师、民间组织是组织、协调博弈的主力。

1）政府

政府既是城市政府，也包括了管理不同公共事务的政府部门，在博弈中承担了很多角色，起到了至关重要的作用。首先，政府是博弈中的“运动员”（直接参与），作为公众的代理人，是公共空间的权责主体，其职责是提供和维护公共空间；其次，政府也是博弈中的“裁判员”（制定规则），工作内容包括：制定博弈规则，规范与告知所有博弈参与者如何参与博弈，例如，房屋拆迁管理部门规定城市规划区内的国有土地拆迁需要提交的资料、补偿标准等；再次，政府还是博弈的直接推动者，倡议项目、推动进程、组织开展、提供部分或全部的资金。尤其在公共空间领域，政府大多承担了直接的出资、建设和管理工作；此外，政府作为法律的执行者，要承担着保护私人空间的合法权益的角色。

2）公众

博弈所推动建立的公共空间体系，是公共利益的空间载体，从这个角度来看，公众是博弈中当之无愧的主角。然而，公众参与的字样不断出现在城市相关事务中，广泛存在于政府管理、规划相关文件里，但与其所起的作用相比，“盛名之下，其实难副”。不管是因为分散个体难以达成集体行动[8]，还是因为公共参与制度化程度不高，抑或是公众参与意识或能力有待加强，都不能否认公众是博弈的主角之一，需致力于使其在博弈中真正发挥代表自身利益、参与方案制定和决策、监督公共利益达成的作用。

3）私人

私人是博弈中最为活跃的力量，追求自身利益的最大化，他们重视规则，利用规则，引向对自己有利的优势上。私人中的一类是积极的参与者，他们善于获取信息、谨慎评估风险和收益、果断决策和行动，推动其空间融入到城市公共空间体系建设中，从而获取更大的利益；另一类是被动的参与者，他们没有意愿主动获取信息、融入城市发展以获取更高的收益，但却被动地被裹挟到城市公共空间体系建设中，不得不参与博弈。无论是积极抑或被动参与博弈，私人作为空间资源的所有者，都将成为左右博弈的重要力量，很大程度上决定了博弈是否能够进行。

4）规划师

城市空间的规划、建设和管理是在政府与私人及其他利益相关方之间不断平衡的“艺术”，我所接触过的杰出的城市规划者都是平衡利益的“大师”。规划师在规划愿景构建、前期研究、编制、实施、评估等各个阶段承担着不同的角色，尤其在规划自下而上和公众参与不断强化的情况下，促使其扮演了多种角色，比如：专业技术知识提供者、信息收集与反馈者、组织者、协调者、争议解决者及谈判者等。[9] 著名规划学者 Raymond Burby 认为，规划师有两种风格，一种是促进性风格，这种风格的规划师通常为规划师和其他利益相关者之间的协商预留充足的余地，通常扮演的是技术顾问、辅导员与利益协调者的角色；另一种为系统性风格，这种风格的规划师通常运用“正式的交流方式”，为规划师与其他利益相关者之间的协商留下的空间较少，他们凭借自己的职业素养提出先进理念，并为实现这些理念采取较为强势的态度参与博弈。[10]也就是说，规划师负有提供专业技术、协调相关利益的重要职责（下面这段话充分展现了规划师的这两种职责），他们既不是政府官员，也不是开发商，应当以公正、中立的态度平衡多元利益。

1967 年底，一百名来自布鲁克林布什威克地区的居民前去会见一位专业规划师，以决定政府应该为附近的社区做些什么。规划师以提问的方式开始：“在布什威克，你们想要什么？”房间中人声鼎沸，争吵声不绝于耳，规划师把他们所渴望的事务都列在了一大张纸上。突然，一位女士怒从座起，语出惊人，“我们不需要心愿单。”她说，“我们希望有所改变，但是我们不知道什么是实际的。你是专家！你应当告诉我们可供选择的方案有什么，我们需要投入多少，还有你对我们的建议。然后我们再来最终决定。”[11]

5）民间组织

民间组织“是有着共同利益追求的公民自愿组成的非营利性社团”，具有非政府性、非营利性、相对独立性、自愿性等特征。[12]正因如此，民间组织可以保持中立的态度获取各方信息，一方面，可以承担组织零散的个人参与者的职责，使各利益相关者都能充分参与；另一方面，可以积极促成合作博弈的达成。

6）专家

准确地说规划师也属于专家，但这里所说的“专家”指的是规划师之外的专家，他们不直接进行技术落实及利益协调工作，但对城市空间规划、建设和管理中的关键环节（如规划评审）、关键问题、重大决策等提供专业参考意见。要使更好的发挥专家作用，关键在于保持专家的独立性和专业性，独立性即保持中立和客观的态度，而非代表某一特定利益集团，可以通过“去行政化”、增加决策过程的公开性等方式保证；专业性即专家个人能力要足以胜任该项工作，专业配比科学，除城市与建筑等直接相关领域的专家外，还应包括经济学、法学、社会学、历史学、心理学等领域的专家。

上文对可能参与博弈的利益相关者进行了简单的论述，对于具体的城市空间项目，还需要识别具体的博弈参与者，并对其状况进行综合评估。借鉴托马斯的观点，博弈参与者要么能够提供对解决问题有用的信息，要么能够通过接受或者促进决策来影响其执行。[13]

	低影响	高影响
高利益	重要的利益相关群体也许有授权的必要	部分标准利益相关群体
低利益	最低优先权相关群体	对决定和方案形成起作用（中介、掮客）

图 4-7 博弈参与者重要程度：利益 / 影响矩阵

具体操作上，可以借鉴刘淑妍[14]的研究成果，其在相关理论研究的基础上，提出了识别博弈参与者的一般步骤：首先根据具体问题，列出利益相关方清单。其次，按照一定的方法对利益相关方进行分类，一种是根据博弈参与者的重要程度，可以分为“低利益－低影响”、“低利益－高影响”、“高利益－低影响”、“高利益－高影响”（图 4-7）这四种类型，每种类型采取不同的应对策略；另一种是根据利益的类型进行分类，拥有相同利益的相关方划为一类，其工作程序是：组织者在一张白色卡片上写下可能的博弈参与者的名字，并把他们放在一张大桌子上，根据焦点问题明确每一个博弈参与方的主要利益点，再根据利益内容组合卡片，当利益逐步一致后，白卡换成有颜色卡，一种颜色代表一类，重新在彩卡上登记博弈参与方的名字，并标注主要利益内容，将颜色卡组合起来，就可以明确具体项目中的实际博弈参与方。最后，对识别出的博弈参与方进行总体状况的评估（表 4-1），综合了解参与方相关利益的内容（经济、社会、生态）、参与博弈的环节（政策制定、计划、执行、运行与维护、监控与评估等）、利益相关

博弈参与者及其总体状况评估表　　表 4-1

博弈参与者		博弈的利益			博弈环节					重要性				态度			参与方式[13]		
										利益相关程度		影响							
		经济	社会	生态	政策制定	计划	执行	运行与维护	监控与评估	高	低	高	低	支持	观望	反对	实质性参与	形式参与	非参与
政府	规划、国土、园林、环卫、消防等																		
公众	全体市民、周边居民等																		
私人	企业、个人业主、租户等																		
民间组织	非盈利组织																		
规划师	—																		
专家	城市、建筑、经济、法学、社会学、历史学、心理学等																		

程度（高、低）、影响程度（高、低）、态度（支持、观望、反对），初步判断参与博弈的方式（实质性参与、形式参与、非参与），作为后续博弈工作的基础底图。

在中国的城市中，以往的情况往往是博弈的参与者并没有明确或者被要求明确角色定位和利益诉求，缺乏有效的机制保证利益博弈的顺利开展，甚至是在利益相关方缺位的情况下达成的博弈成果，也就严重影响了博弈成果的执行。

4.4 博弈平台

博弈平台是在博弈参与方之间建立的正式合作关系，可根据项目的具体情况灵活调整博弈平台的组织形式，在博弈平台上，所有的参与者共担风险与责任、分享资源与利益，以保障多元参与、公平正义、有效合作。

博弈平台的价值取向是综合、多元的，包括经济、社会、生态等不同的价值观，而非过分关注其中某种价值，避免因过度追求经济价值而忽略弱势群体及公众的利益，也避免社会与生态价值的单一追求，造成经济不可行而使项目流产；博弈平台的价值取向综合反映了各利益相关群体的价值诉求，当下，公民社会、城市多元治理思想越来越深刻地影响着城市的规划、建设和管理，各方主体参与、决策城市事务的权力必然也应当得到保障。

博弈平台的组织形式可以是固定型、临时型、松散型三种形式[16]，需要根据项目的具体情况进行选择。固定型具有固定的组织结构和人员，由政府牵头搭建平台，负责组织协调工作，政府以外还包括规划师及专家，具有面向整个城市的广泛性和代表性，整体素质、参与意识和水平较高，适用于城市总体规划层次的公共空间体系。临时型是对应于具体的公共空间体系规划项目来搭建组织，例如某一街区的公共性空间建设计划，可以是自下而上由民间组织牵头发起的，联合相关公众、私人等提出建设的设想，并参与到规划、建设、管理全过程中；也可以是自上而下由政府发起的，政府或规划师牵头协调和组织。松散型是一种不固定的组织形式，组织结构和人员都不固定，个体特征较突出，可以作为上述两种组织的补充形式，根据具体情况而定。

博弈平台的职责是组织和协调城市、街区、地块等不同尺度公共空间体系的规划、建设和管理，平衡博弈参与者的利益，包括：1）构建由其主导的公共空间体系发展规划；2）发起和受理促进公共空间体系建设的项目；3）设立公共空间体系专项基金，吸引私人和其他途径的投资；4）确保弹性有效地使用公共空间体系专项资金；5）和其他城市规划、策略建立相互联系；6）培训博弈参与者，使之有更充分的知识、技能、自信进行博弈、沟通及合作，建立多元化的参与渠道。

为使博弈平台能够顺畅运行，需建立一系列的保障制度，包括但不限于：

1）公共空间体系立法。将城市公共空间体系所要求的公共空间、公共性私人空间、空间界面的权责主体及其权责、空间范围、形式、经营管理要求等，以具有法律效力的条文形式规定下来，作为城市空间规划、建设和管理的依据。对于有条件的地区，可专门立法，也可将公共空间体系的管理要求纳入《城乡规划法》、城市总体规划、控制性详细规划、土地出让条件等具有法律效力的法律法规、规范及文件中。

2）空间权属普查制度。明确的权属是空间规划、建设和管理的基石，是能够进行博弈的前提。因此，需要建立起城市空间权属普查制度，统一城建、土地部门的土地数据，实现数据的统一联动，搭建数据平台统一存储，保证数据的唯一性、准确性和及时更新。城市空间权属普查制度的内容包括确定责任部门和相关部门及其职责；建立统一的数据平台；普查确权，包括既有城市空间确权，划定空间权属四至（图 4–8），新入市土地权属登记；将权属作为土地调查的内容之一。

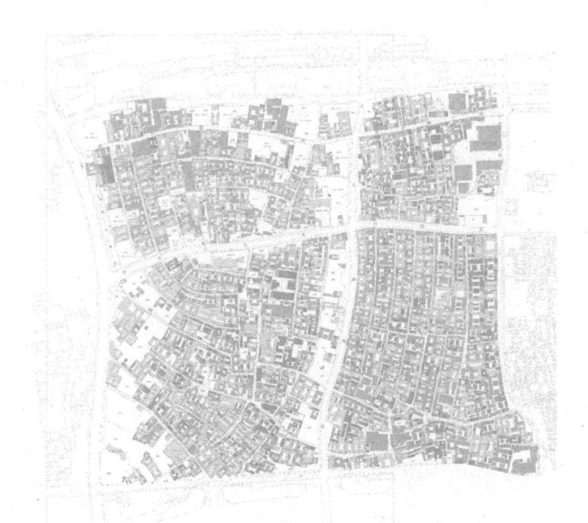

图 4–8 北京前门东区改造项目中项目承接方普查确认房屋产权

（a）网站首页

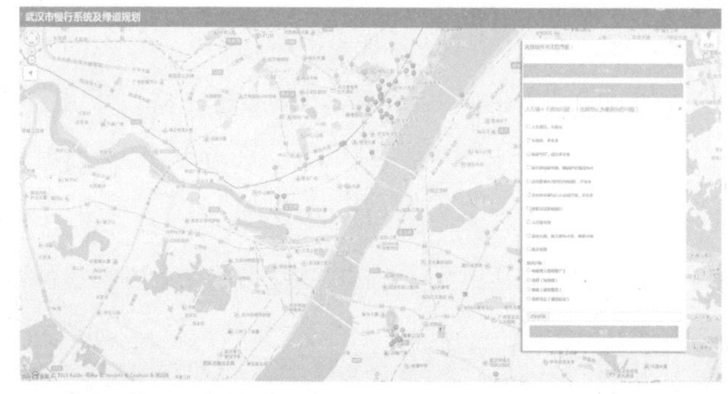

（b）“武汉市慢行系统及绿道规划”，请公众在地图中标出有问题的人行道、自行车道，及其存在的具体问题

图 4-9　武汉的公众参与平台：“众规武汉”

3）多元参与的合作伙伴制度。该制度是在政府、公众、私人、民间组织等各种博弈参与者之间搭建起的合作框架，通过正式的合作框架，使博弈平台的工作组织及成果正式化，取得政府的正式授权来制定、执行公共空间体系规划，明确各参与者的权力与责任。例如，英国的“合作伙伴组织”，是“为重整一个特定区域而制定和监督一个共同的战略所组成的利益联盟”[17]，是中央政府与地方政府之间、地方政府彼此之间、政府与私有部门之间、政府与非盈利民间团体之间等多维度层次的协调沟通方式，通过《各级地方政府与志愿及社会组织合作框架协议》等政策明确各方权责，业已成为城市治理与城市发展政策探索的先驱[18]。

4）公众参与和监督制度。鼓励公众参与的有效途径就是建立面向公众的对话机制，完善监督反馈渠道，当前伴随着信息化技术的发展，使得公众参与可以由过去面对面的方式变为网络交流，具有更好的公众体验、更高效的信息收集和处理能力，例如武汉市的“众规武汉”（图 4-9）是国内首个“众规平台”，公众可通过互联网参与到规划中，进行规划策划、绘制规划方案、提出规划建议、参与投票和方案公决等。

5）补偿与奖励制度。针对私人积极参与公共空间体系建设、提供公共性私人空间的行为，补偿其因此遭受的利益损失，并进行额外的利益奖励，操作上，需对补偿与奖励的方式及标准做出明确规定。例如，纽约的容积率奖励政策，对提供具有公共性的 POPS（Private Owned Public Space）的私人进行容积率奖励，规定了奖励的空间面积与私人提供的 POPS 面积的倍数关系。

4.5 博弈模式

博弈的模式是“讨论－反馈－利益平衡”（图 4-10），即通过反复讨论来解决博弈中的冲突，实现利益平衡。博弈中，每个参与方手里都握有一些“筹码”，即掌握的空间资源，这些“筹码”会影响空间资源的分配方式，出什么“筹码”、怎么出“筹码”，很大程度上依赖于对他人信息的掌握，因此，博弈的每个环节都需要充分地讨论，交换信息后，做出“合作”或“不合作”的反馈，对于“不合作”的反馈，还需要重复“讨论－反馈”的过程，直到达成所有人都能接受的利益平衡方案。

这个过程中，冲突在所难免，博弈参与方所秉持的“合作态度”、“实现自身利益需求”的状况，会决定其采取何种解决冲突的模式（图 4-11），“低利益－不合作”的参与方采取回避的模式，既不合作又不武断；“低利益－合作”的参与者采取克制的模式，高度合作且武断程度较低；“中利益－中合作”的参与方采取妥协的模式，合作性和武断程度

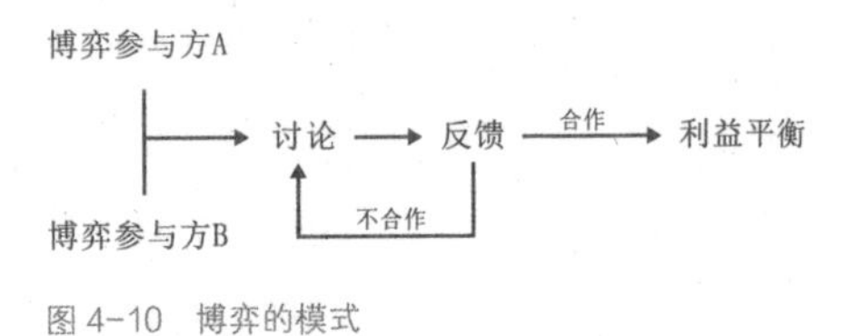

图 4-10　博弈的模式

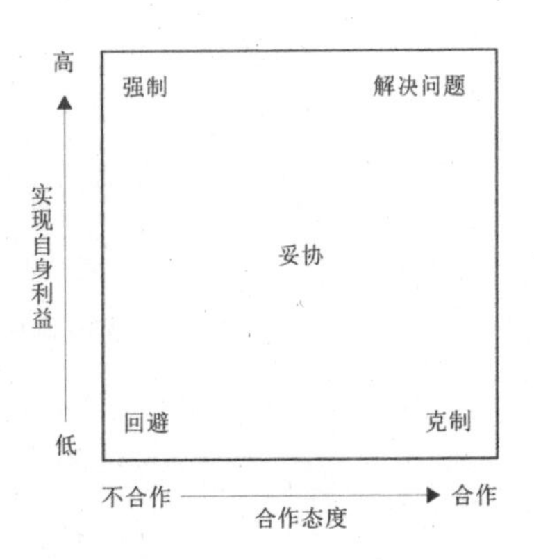

图 4-11　托马斯（K·Thomas）解决冲突的二维模式

解决冲突的策略

表 4-2

着眼点	要解决的问题	解决的策略
态度	明确团队之间彼此的差异点	强调团体之间相互依赖
	增进团体之间关系的相互了解	明确冲突升级的动态和造成的损失
	改变感情和感觉	培养共同的感觉，消除成见
行为	改变团体内部的行为	增进团体内分歧的表面化
	培养团体代表的工作能力	提高与他人合作共事的才能
	监视团体之间的行为	第三方调解
组织结构	借助上级和更大团体的干预	按照通常的等级处理
	建立调节体制	建立规章、明确关系，限制冲突
	建立新的基础机制	设置统一领导各团体的人员
	重新明确团体的职责范围和目标	重新设计组织结构，突出工作任务

都处于中间的状态；“高利益 - 不合作”的参与方采取强制的模式，高度武断且不合作；“高利益 - 合作”的参与方采取的是解决问题的模式，高度合作和武断。然而，有人积极合作，有人不愿合作，不同参与方所采取的模式之间可能存在不可调和的冲突，为了避免博弈陷入无意义的冲突中难以自拔，就需要从态度、行为、组织结构等方面甄别需要解决的问题，有针对性地提出解决的策略（表 4-2），以尽量维持合作的工作氛围。

“讨论 - 反馈 - 利益平衡”的过程可能是艰苦卓绝的。以纽约高线公园为例，从项目设立到最终落成经历了漫长的博弈历程（图 4-12），在这个过程中，土地所有者通过“高线廊道转换”获得了比拆除铁轨更大的利益；切尔西区因为公园的建设增加了就业机会，刺激了各类项目的投资；而对于政府来说，这一纽约新地标的出现提升了城市形象，增加了旅游收入，铁轨的复兴实现了多方利益的共赢。[19]

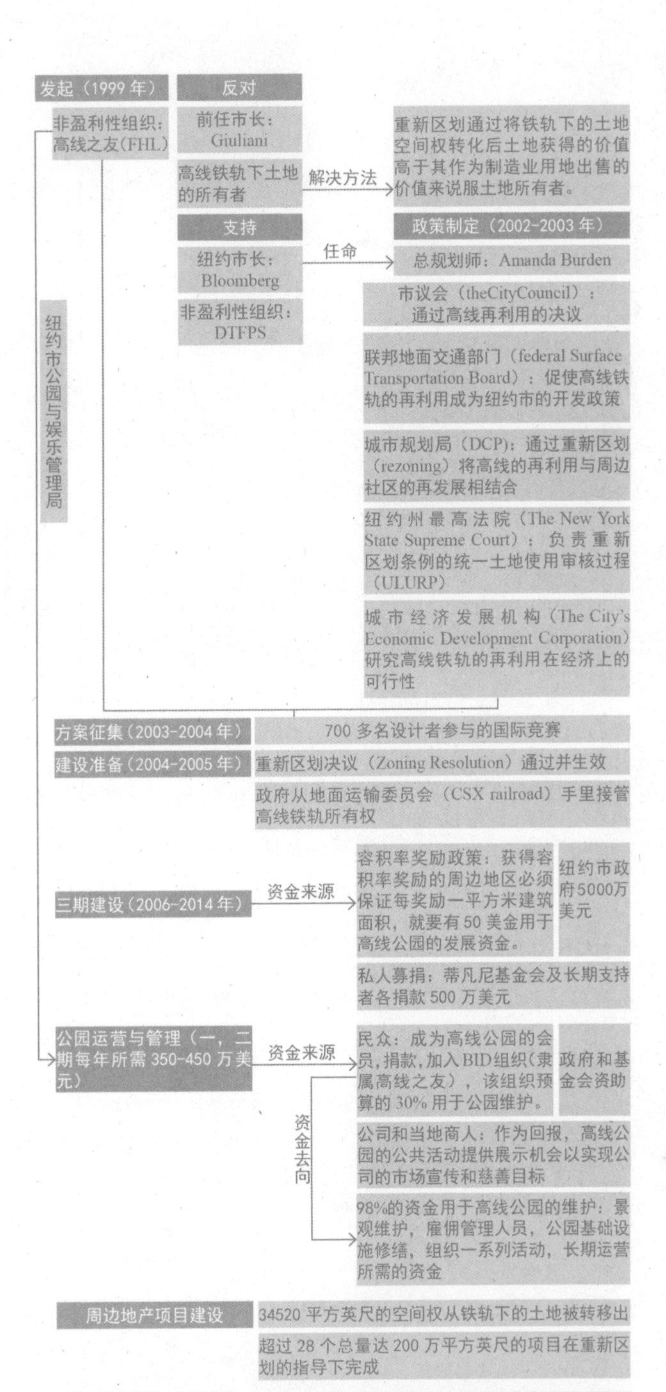

图 4-12　纽约高线公园的建设历程

高线公园的前身是高线铁轨，位于纽约曼哈顿的西切尔西区，于1934年建造，1981年被废弃，随后逐渐衰败、破落。20世纪90年代，铁轨周边的土地所有者游说政府拆除高线铁轨，以建造房屋获取更好的收益，这一提议得到时任纽约市长的Giuliani的支持，从1999年开始，政府开始筹划拆除高线铁轨。为了阻止该项计划，Hammond和David成立了“高线之友”（Friendsof the High Line）这一非盈利组织，积极游说周边土地的所有者重新思考他们对铁轨的立场，他们吸引了草根艺术家、名人、演员、时尚设计师、反对党成员、城市规划专家等来壮大队伍，积极宣传引发社会关注。2001年，Giuliani在卸任前最后一天签署了高线的拆除命令，引发高线之友的一桩法律诉讼。伴随新任市长Bloomberg上任，事情出现了转机，他认可高线之友的提议，2002年市参议会通过了高线再利用的决议，使“存”、“废”之间的博弈，终于告一段落。随后，城市规划局等政府部门开始积极制定规划和政策来促进高线公园落地，历时3年与各利益相关方就高线公园区域的区划谈判，2005年新的区划得以审核完成；与此同时，2004年高线之友组织了开放的概念设计竞赛，从超过700名参赛设计者中选择了公园的设计师，2006年高线公园一期开始建设。资金方面，政府无偿拿出5000万美元作为建设费用，高线之友还通过和当地的公司和商人合作、每月定期组织多样化的活动，获取赞助，除此之外，一个名为商业改善区（Business Improvement District）的非营利组织，也参与筹措资金，代表高线周边所有的居住者和工作者的利益，与高线之友合作进行公园管理。

4.6 博弈内容

博弈贯穿在公共空间体系规划、建设和管理的全过程中，与利益相关的事务都需要进行博弈，包括公共性项目设立与否、识别项目所要解决的问题、解决问题的优先顺序、对公共性空间的需求（面积、位置等）及确定行动方案（政策、计划方案、执行方案、运营与维护方案、监控与评估方案）。在所有这些事务中，博弈的内容简言之就是谈判确定如何交换利益，核心是寻找利益的平衡点。

利益交换的形式有以下四种：

1）以空间换空间。即通过让渡空间，交换等量或更多的空间，既可以在原地也可以在异地增加面积、提高容积率。

2）以空间换资金。即让渡出空间，换来与市场价格等值或更多的资金，既可以是直接的资金补偿，也可以是间接的资金补偿，如降低土地出让金或在税收等方面予以优惠。

3）以空间换时间。即增加土地出让的年限，或在土地出让年限届满时，有优先续租的特权。

4）以空间换发展。私人提供公共性私人空间的动力也可能来自于自身内力的推动，私人可以通过让渡公共性私人空间，提高人流量，或通过与公共空间体系的连接，提升自身环境品质，这些都促使私人提供公共性私人空间以换取自身更好的发展，实现公私共赢。

寻找利益平衡点就是要确定直接利益相关方可博弈的利益“上限”与“下限”，得到博弈区间。对于政府和公众，是需要的最小和最大的公共性空间，及为此付出的资金与人力投入的上限；对于私人，是能够提供的最大公共性私人空间及可接受的利益补偿下限，在此区间内都是可以博弈的，按照经济学中经济人的假设，信息充分的情况下，能够得到总利益最大的最优解。但事实上，因为博弈价值导向的综合性，并不能简单地用经济价值来左右博弈的走向，最终形成的结果也许不是经济最优解，但一定是各方都能接受，不损害相关者利益的方案。

4.7 博弈改变空间界面

基于建设公共空间体系的目的所进行的博弈，带来了公、私利益的重新分配，落实到空间上就体现为空间界面的改变，有移动、新增、减少三种方式：

1）移动：重新划分空间的所有权，空间界面发生移动。对应公共空间体系中，原本属于私人的空间，后被政府征收、补偿原空间所有者，成为公共空间的情况（图 4-13）。

2）新增：空间所有权没有改变，使用权发生转移，产生新的使用权空间界面。对应公共空间体系中，私人让渡其空间使用权，使该空间成为可供公众使用的空间的情况（图 4-14）。

3）减少：所有权与使用权由分离状态变为重合状态，所有权空间界面、使用权空间界面合并为一个空间界面；或者权属不同的两个空间，其中一方收购了另一方，空间界面消失（私人空间转变为公共空间，空间界面消失，图 4-15）。

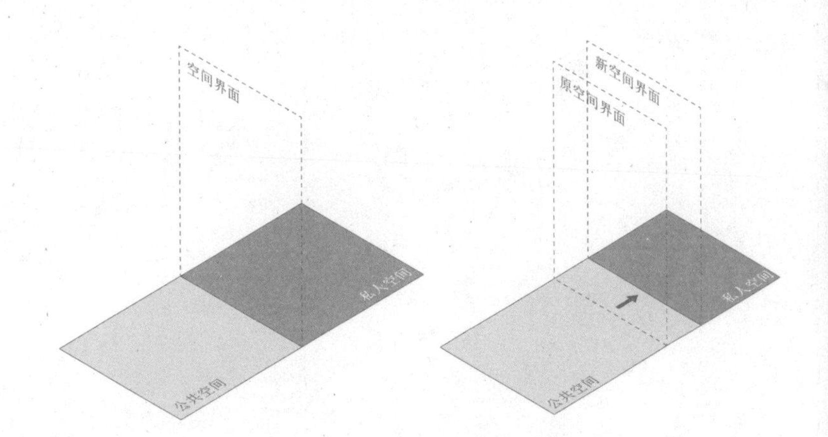

图 4-13　空间界面移动

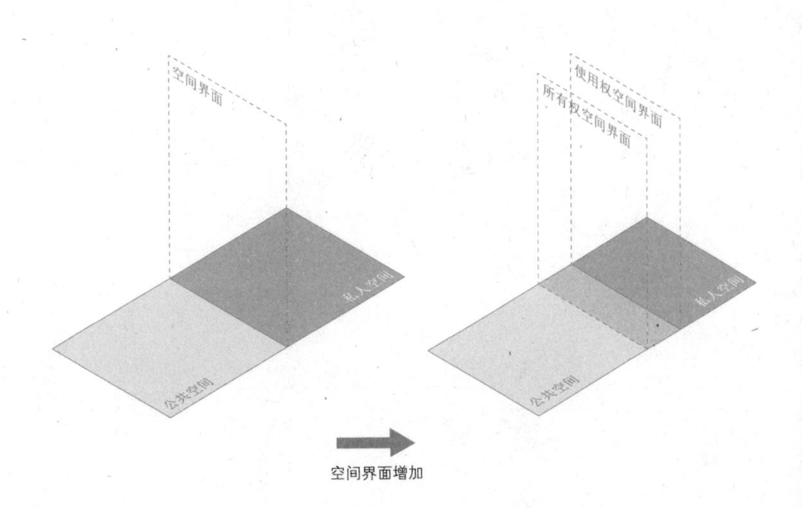

图 4-14　空间界面增加

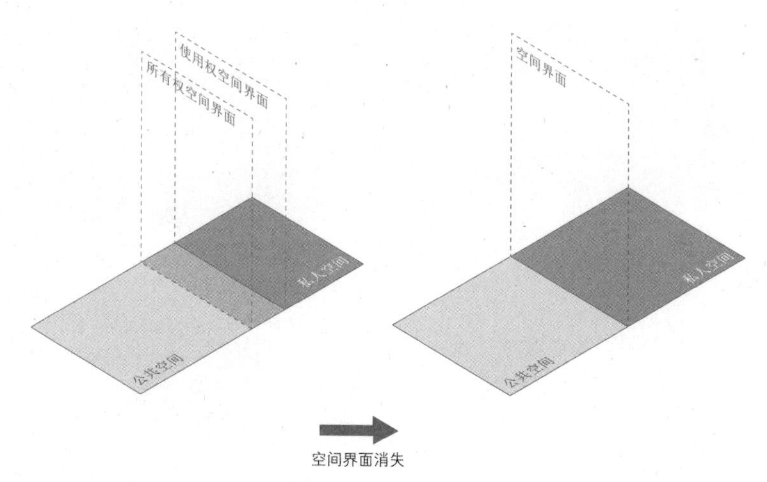

（a）使用权空间界面和所有权空间界面，由分离变为合一

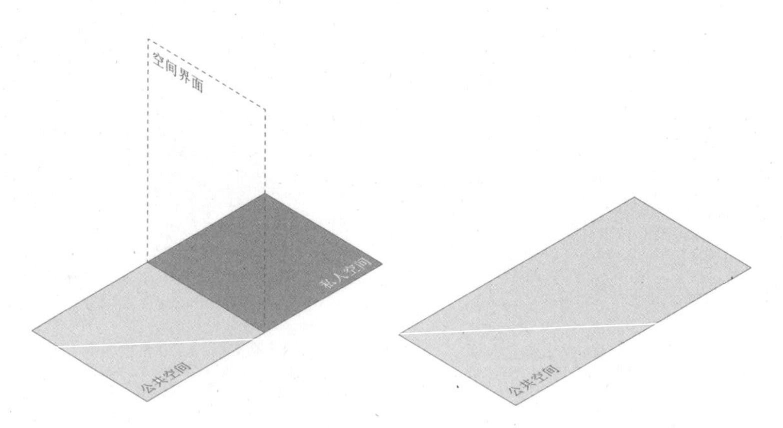

（b）私人空间转变为公共空间，空间界面消失

图 4-15　空间界面减少

注释:

[1] [美]约翰·克莱顿·托马斯著. 孙柏瑛等译. 公共决策中的公民参与[M]. 北京: 中国人民大学出版社, 2010: 8.
[2] 赵燕菁. 城市化的几个基本问题(上)[J]. 北京规划建设, 2016, (1): 156-158.
[3] 张庭伟. 梳理城市规划理论——城市规划作为一级学科的理论问题[J]. 城市规划, 2012, (4): 9-17.
[4] 何霞. "巴塞罗那模式"对现代城市休闲空间规划创新发展的启示[J]. 现代城市, 2010, (2): 26-28.
[5] 何霞. "巴塞罗那模式"对现代城市休闲空间规划创新发展的启示[J]. 现代城市, 2010, (2): 26-28.
[6] 魏巍, 侯晓蕾等. 高密度城市中心区的步行体系策略——以香港中环地区为例[J]. 中国园林, 2011, 27(8): 42-45.
[7] 周干峙. 系统论思想和人居环境科学是解决我国城乡发展问题的金钥匙[J]. 科学中国人, 2010, (10): 23-25.
[8] 杨宏山. 公共政策视野下的城市规划及其利益博弈[J]. 广东行政学院学报, 2009, 21(4): 13-16.
[9] 宋彦, 李超骕. 美国规划师的角色与社会职责[J]. 规划师, 2014, (9): 5-10.
[10] [美] R. J. Burby, P. J. May, and R. C. Paterson. Improving Compliance with Regulations Choices and Outcomes for Local Government[J]. Journal of the American Planning Association, 1998, 64(3): 324-334.
[11] [美]亚历山大·加文著. 曹海军等译. 规划博弈: 从四座伟大城市理解城市规划[M]. 北京: 北京时代文华书局, 2015: 9.
[12] 俞可平. 中国公民社会: 概念、分类与制度环境[J]. 中国社会科学, 2006, (1): 109-122.
[13] [美]约翰·克莱顿·托马斯著. 孙柏瑛等译. 公共决策中的公民参与[M]. 北京: 中国人民大学出版社, 2010: 38.
[14] 刘淑妍. 公众参与导向的城市治理——利益相关者分析视角[M]. 上海: 同济大学出版社, 2010: 74-76.

[15] 借鉴安廷斯的公众参与阶梯理论, 他将公众参与分为三个层次: (1)实质性参与。市民控制, 市民直接规划和管理城市; 权力委任, 市民享有法律赋予的批准权; 公私合作, 公众与政府分享权力和职责; (2)形式参与。安抚, 享有建议的权力但没有决策权力; 咨询, 民意调查/公众聆听等; 告知, 向市民汇报既成事实; (3)非参与。治疗, 目的在于改变公众对政府的不满, 而不是改善不满的各种因素; 操纵, 邀请公众的代表人做无实权的顾问。([美]Arnstein Sherry R. A Ladder of Citizen Participation[J]. Journal of the American Planning Association, 1969, 35, (4): 216-224.)对于参与博弈的各方, 参与的形式也可分为实质性参与、形式参与、非参与。

[16] 纪峰. 公众参与城市规划的探索——以泉州市为例[J]. 规划师, 2005, 21(11): 20-23.
[17] [英]Nichola Bailey, Kelvin MacDonald, MacDonald K. Partnership Agencies in British Urban Policy [M]. London: UCL Press, 1995: 27.
[18] 曲凌雁. "合作伙伴组织"政策的发展与创新——英国城市治理经验[J]. 国际城市规划, 2013, 28(6): 73-81.
[19] 甘欣悦. 公共空间复兴背后的故事——记纽约高线公园转型始末[J]. 上海城市规划, 2015, (1): 43-48.

……区域与城市规划是个动态过程，不仅要包括规划的制定，而且也要包括规划的实施。这一过程应当能适应城市这个有机体的物质和文化的不断变化。强调“不完整”或“待续”并不降低建筑师或规划师的威信，相对论和测不准论正是科学与迷信的本质差别所在。

——《马丘比丘宪章》

5 城市规划、建设和管理的制度策略

高品质的城市空间，得益于相关各方不懈的努力和技术的进步，形成了丰富多样的成果，但却很难加以总结。城市空间界面理论倡导利益相关方开展广泛的对话、协商，以达成共识，这种开源性、包容性，为分散的或局部或系统的策略尝试提供了共同讨论的平台。本书不可能穷尽所有可能的策略，而是围绕城市空间界面理论的关键策略展开研究，更多的有益实践有待更多人共同参与并加以完善。

应用城市空间界面理论，广泛收集、借鉴国内外的优秀案例，对城市空间规划、建设和管理的全流程提出可操作的策略，这些策略可以分为三大类：制度策略、博弈策略和设计策略。其中，博弈策略是在制度策略的保障下，围绕城市空间界面展开的公与私的博弈，随着博弈进程的推进，在识别博弈的参与者（详见 4.3）、搭建博弈平台及其配套手段（详见 4.4）、解决博弈冲突推进进程（详见 4.5）、博弈中利益交换的方法（详见 4.6）等方面都有丰富的策略，这部分内容已融入“4 城市空间界面理论”一章，不再单设章节赘述。本章和下一章，将分别从制度、设计两个方面提出可供借鉴的策略建议。

城市规划、建设和管理的制度，可以为实现公共空间体系提供最基础的保障，正如《马丘比丘宪章》中所说的“区域与城市规划是个动态过程”，制度需要适应这种动态过程。城市空间界面博弈产生于公、私之间的利益分歧，需要对公共空间体系中不同权属类型、开发程度的空间设置差异化的制度策略：一方面，对于新建设区域的公共空间体系的规划、建设和管理，需要有规避可能产生公、私矛盾及博弈的制度，例如“以单体建筑为出让单元”、“土地出让条件中附加公共性私人空间建设条件”的土地出让策略，“新建设区域规划采用适宜的地块尺度”的规划策略；另一方面，对于已建成区域的公共空间体系的规划、建设和管理，需要在既有公、私关系状态下，设置保障博弈顺利进行的制度，例如“老城规划尽量盘活微小和闲置空间”的规划策略；此外，诸如“设立公共空间专项基金”、“设置统一的公共空间管理部门”、“制定公共空间体系的专项规划”等制度，对于前述两个方面都适用。须知，无论是推动博弈进程，还是先见的解决利益分歧而减少博弈，制度的最终目的都是保障公共空间体系的完整呈现。

5.1 管理策略

公共空间体系的运营需要全社会的共同参与，有赖于设定合理的管理部门、平台、资金等保障制度，并根据权属状况，选择合适的运营模式，来保证空间的可持续性发展。一般而言，遵循“谁拥有，谁投资、建设和运营”的原则，即政府负责公共空间，私人负责公共性私人空间，同时鼓励民间组织积极参与。

5.1.1 设立公共空间专项基金

公共空间专项基金，是专门用于公共空间体系建设、保障其正常运转的基金。公共空间体系属于公共事务的一部分，这类项目一般不具有盈利能力，需要政府给予资金支持，应设立公共空间专项基金，用于保障城市公共空间体系的规划与设计、建造、运行与维护等相关的支出。在资金来源上，建议从土地出让金中单独列支，因为在我国土地出让是通过招拍挂的手段，将城市的一部分空间出让给“私人”，所以，土地出让金应该被用于与公共利益相关的事务上，保证有一定比例资金专款专用于公共空间体系建设，而不是将土地出让金列入城市的财政收入后，根据城市建设的轻重缓急进行配置。目前，虽然《国务院办公厅关于规范国有土地使用权出让收支管理的通知》(国办发〔2006〕100号)明确规定了土地出让金的使用范围是征地与拆迁补偿支出、土地开发支出、支农支出、城市建设支出、其他支出等，但政府将土地财政收入作为偿债的主要渠道的现象仍然普遍，难以保障公共空间体系获取足够的建设资金。《中国经济周刊》、中国经济研究院根据2012年省级政府审计部门的公开审计报告，研究并发布了《我国23个省份‘土地财政依赖度’排名报告》(图5-1)，研究显示，土地偿债在政府负责偿还责任务中占比，最低为20.67%，最高为66.27%，浙江、天津、海南、重庆等四个省市占比超过50%，其中北京没有公布比例数字及可供测算的数据，估值为50%~60%。[1]

《国务院办公厅关于规范国有土地使用权出让收支管理的通知》(国办发〔2006〕100号)中明确说明了土地出让收入使用范围:(一)征地和拆迁补偿支出。包括土地补偿费、安置补助费、地上附着物和青苗补偿费、拆迁补偿费。(二)土地开发支出。包括前期土地开发性支出以及按照财政部门规定与前期土地开发相关的费用等。(三)支农支出。包括计提农业土地开发资金、补助被征地农民社会保障支出、保持被征地农民原有生活水平补贴支出以及农村基础设施建设支出。(四)城市建设支出。包括完善国有土地使用功能的配套设施建设支出以及城市基础设施建设支出。(五)其他支出。包括土地出让业务费、缴纳新增建设用地土地有偿使用费、计提国有土地收益基金、城镇廉租住房保障支出、支付破产或改制国有企业职工安置费支出等。

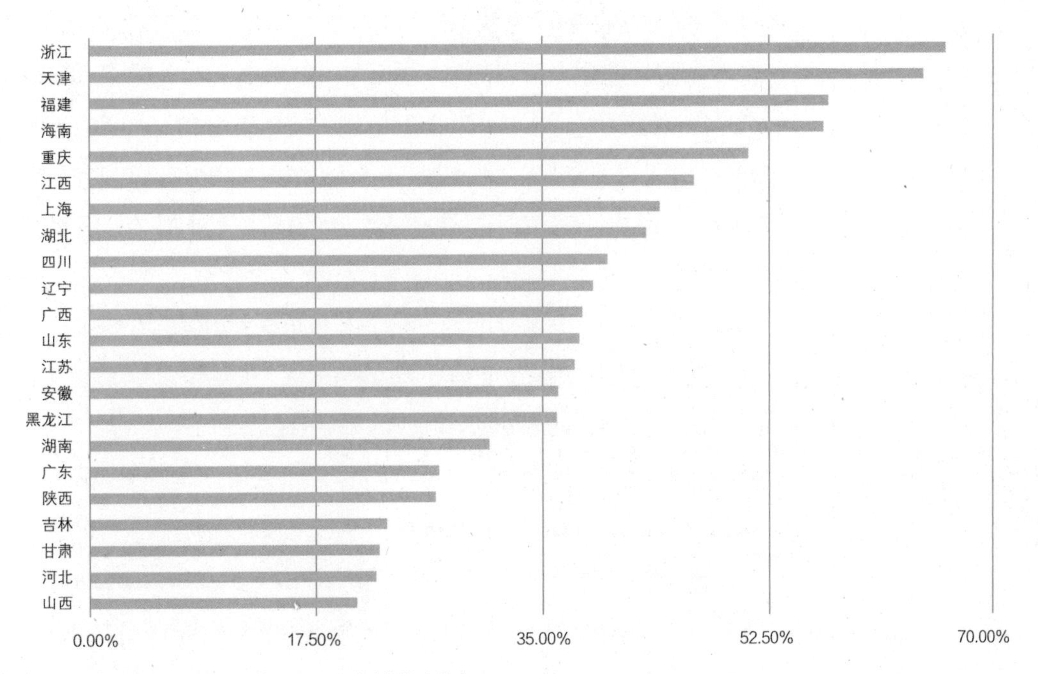

图5-1　我国23个省份(直辖市)土地财政依赖度排名

德国柏林市部分公共性空间的资金来源策略[2]

表 5-1

项目名称	面积 /m²	用地权属	使用内容	租赁 / 使用时间	资金来源	适用人群
麦罗公园（Mellow Park）	10000	TLG 地产公司	青少年运动场地和休闲公园	无限制	私人捐赠 + 门票 + 州政府资助	青少年
海克森凯瑟（Hexenkessel）剧场庭院和沙滩酒吧	1800	中市区政府与慈善会医院	露天剧场与沙滩酒吧	每年 4 ~ 9 月	门票 + 私人捐赠 + 经营收入	普通市民
青年与非洲艺术市场（YAAM）	20000	私人地产	青年人的艺术活动与运动场所	每期租 6 个月，期满后再订续租协议	门票 + 经营收入	主要为年轻人
施利曼街（Schliemanstrasse）社会花园	1150	帕考夫区	社区花园	无限制	市区财政	当地居民

在其他国家，也需要政府财政支持公共空间体系的建设。以德国柏林市为例，政府通过活化废弃空间、租赁私人空间来为公众提供多样化的活动场所，差异化的设定财政支持策略：在中心城市的项目，由于对其周边房地产开发潜力较大，可以不依赖于公共资金的注入，政府就鼓励并协调私人土地所有者或周边用地单位对项目进行资金支持；位于郊区的项目，由于所处的区位较差，则更多地依赖于公共资金的支持，往往需要政府制定专项的财务资助计划或补贴政策来确保项目的顺利开展。其中，政府的财政支持起到了最基础的保障作用，使得不同类型的公共空间、公共性私人空间都得以持续发展（表 5-1）。

5.1.2 设置统一的公共空间管理部门

统一的公共空间管理部门，是公共空间体系的统一组织、决策机构，以保障公共空间体系相关事务能够职责明确、高效推进。该部门由城市政府直接领导和授权，作为公共空间体系的最高管理机构，能够以会商等形式组织相关管理部门，协商、跟进、决策，形成关于公共空间体系的最终决议，以保障工作顺利开展。工作内容主要有：1）组织编制公共空间体系规划，指导其下不同层级的城市公共空间体系规划，及重点项目；2）审查各类城市公共空间体系规划，给出修正意见；3）组织相关利益方的利益博弈过程；4）会商相关城市政府管理部门，保障公共空间体系规划、建设和管理顺利开展；5）主管和监督公共空间体系专项基金的使用；6）公共空间体系后评价及整改监督。

在现行的城市管理体系中，公共空间体系规划、建设、管理的不同阶段，以及不同局部，都受到来自不同城市管理部门的管理。以城市道路为例，据不完全统计，其管理部门有城市交通委员会、发改委、园林绿化局、市政管理委员会、公安局下属交管局、市政公司、城市执法大队等多家。欠缺具有统一组织和决策权力的管理部门来统筹公共空间体系所有相关事务。目前我国正在做相关部门整合的改革，以及经济社会发展规划、城乡规划、土地利用规划、生态环境保护规划的“多规合一”工作，例如北京市规划、国土机构合并为北京市规划和国土资源管理委员会，使得城市的空间规划与土地利用规划更为一致，在运转机制上也更为合理高效，但在公共空间体系领域，还有待管理系统的进一步梳理和明确。

在新加坡，有关城市规划管理机构的设置十分简洁清晰。整个规划管理机构自上而下共分为三个层级，共包含五个管理部门：新加坡的规划主管部门是国家发展部（MND）下属的市区重建局（URA），规划重建局下设总体规划委员会（MPC）和开发控制委员会（DCC），此外，在概念规划编制期间还会设置概念规划工作委员会（图 5-2）。其特点为：①职权清晰。新加坡的城市规划行政主管部门规划职权全面、清晰，不存在权力交叉和重叠，避免推诿扯皮现象发生。②协调有力。概念规划和总体规划全面落实了专业部门的用地需求和建设安排，确立规划主导权，解决部门间不协调问题。③机制健全。专业部门和规划部门间协调机制健全、有效，多

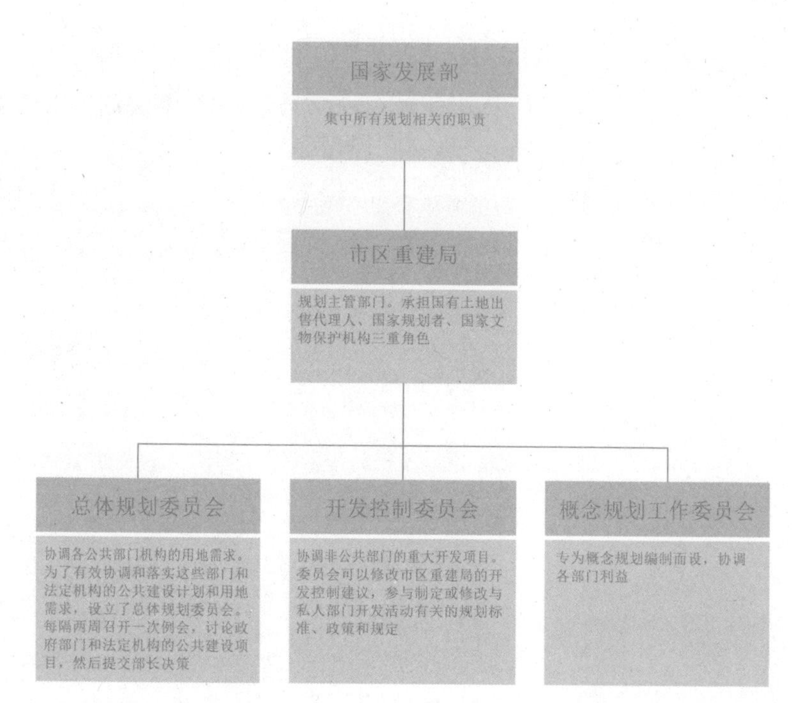

图 5-2　新加坡规划管理机构框架及职责

部门委员会的成立使规划编制、修改、管理、开发申请等都可以通过委员会取得共识，得到良好决策。

5.1.3　建设智慧城市管理平台

智慧城市是以先进的信息技术，特别是物联网技术的研发与推广应用为核心，逐步构建的一个经济充满活力、社会管理高效、大众生活便利、环境优美和谐的城市生态，通过这种立体、动态、自适应的智慧环境，实现城市的科学发展和包容发展。在公共空间体系规划、建设和管理中应用智慧城市管理的理念，可为该系统提供多元、分散、网络型和多样性的城市管理和控制决策支持信息流。

城市公共空间体系的构成要素具有多样性，影响其发展的因子具有多变性，面对这样复杂的系统结构，建立在现实基础之上的信息化管理系统显得更加重要。基于智慧城市基础上的空间信息化管理系统能更好地实现预测、科学论证的功能，对未来多变的城市公共空间体系提供调控和引导，使其协调运转。包括决策支持系统，利用智慧城市信息高速公路网络构建城市公共空间体系决策支持系统，提供技术平台，实现科学化的最佳决策；分析评价系统，对城市公共空间体系中多要素信息进行实时监测和可视化，对现代城市公共空间体系这一结构复杂、功能综合的系统实行科学管理，对空间问题做出全面、准确的分析和评价；技术支持系统，智慧城市管理是对城市公共空间体系进行全覆盖的“空间管治”的技术手段，在其基础上，使主动对公共空间体系资源配置进行必要的引导调控，修正其不合理部分成为可能。

许多发达国家在智慧城市建设方面已经进行了多方面的尝试，通常是通过政府主导、社会多方参与的方式来推动智慧城市建设。通过总结发达国家在智慧城市建设方面的经验可以发现，加强信息基础设施建设是智慧城市建设的关键步骤，物联网是智慧城市的神经系统，城市物联网建设水平对智慧城市建设具有最直接的影响。在基础设施建设中，许多发达国家都充分利用企业在技术研发和基础设施建设上的专业性优势，积极引进国际知名的信息技术、房地产等企业，共同参与城市设计与建设。[3]

欧盟的 Living Lab（生活实验室）计划

为了推动智慧城市建设，欧盟启动了面向知识社会创新 2.0 的 Living Lab（生活实验室）计划（图 5-3），通过该计划，欧洲智慧城市的智能应用水平和社会服务水平明显提高。

荷兰阿姆斯特丹是欧洲智慧城市建设的突出范本，阿姆斯特丹是荷兰的首都和经济中心，城市借助欧盟 Living Lab 计划，全面提升城市的交通、市民工作与生活、公共空间的可持续发展能力。阿

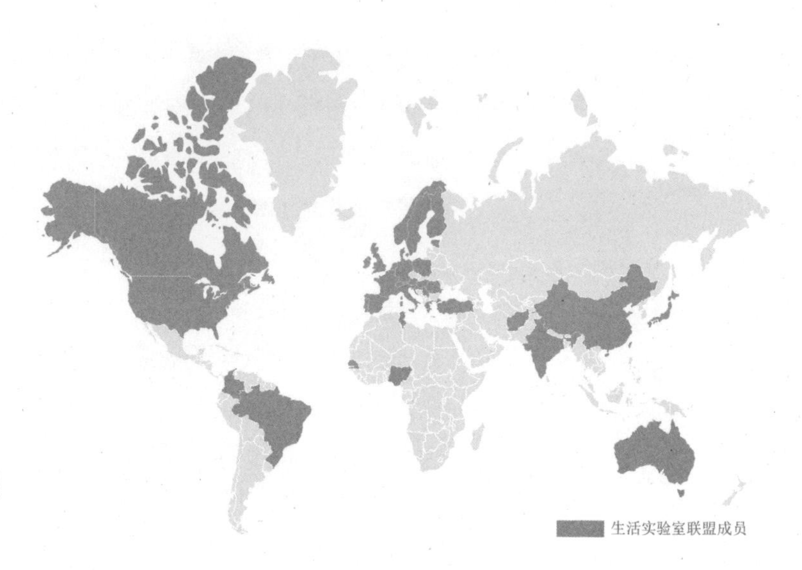

图 5-3 生活实验室联盟（European Network of Living Labs）成员分布图

姆斯特丹在全社会推广 5R 原则：垃圾减量（Reduce）、废物利用（Reuse）、循环利用（Recycle）、资源再生（Recovery）、有偿使用（Repay）。例如，作为港口城市，轮船使用清洁能源发电取代传统的燃油发动机，此外，还推广太阳能风电等设施，利用智能电网控制能源使用等。政府注重数据的整合，阿姆斯特丹市将政府开放数据与市民互动产生的社会媒体数据提供给数据开发者，利用开放数据开发智慧化应用方案。在此过程中，城市以用户服务和知识增值服务为导向，强调人、过程、技术、资源和服务相连接，基于开放数据和社会媒体数据和大数据，改进信息技术设施，建立基于互联网的信息基础架构，优化政府智能化管理手段、创新企业智力化服务产品，提高市民智慧化生活质量。[4]

5.1.4 明确公共空间运营管理的权责划分

政府负责公共空间的运营。城市公共空间一般由政府主导开发，政府除负责可行性研究、规划、土地整理等常规上需其主导的环节外，还负责筹集资金、设计、建设、管理、维护与监督。在香港，政府主导的公共空间，其全生命周期均由政府负责，政府会秉持对公众负责的态度，尽量以最少的投入，最大化满足公众使用需求，以人行天桥为例，较“奢华”的人行天桥一般是私人投资建设的，政府建造的则较“朴素”（图 5-4），会尽量减少不必要的投入以控制建造成本。

图 5-4　香港政府投资建设的人行天桥

私人负责公共性私人空间的运营。私人对其所提供的公共性私人空间，负有投资建设和后期运营的责任。然而，单纯的运营公共性私人空间是件“亏本的买卖”，为使私人有充足且持久的动力，有效的方式是建立起私人空间与公共性私人空间相互促进的关系，即私人能因高品质的公共性私人空间促进本地块发展，进而带动周边私人空间升值，并从中持续获益。例如北京三里屯 Village 项目，在“开放城市理念”的指导下，提供了大量 24 小时供公众使用的户外空间，吸引附近居民、上班族和访客驻足，促进了商业经营，获得了长远效益。

北京三里屯 Village[5]

三里屯 Village 项目位于北京市朝阳区三里屯路，占地 $5.2hm^2$。项目提出这里不应仅建成单纯的零售、娱乐商业综合体，还应成为可持续发展的、真正有活力的城市区域，从而获得长远的效益和发展，因此，从“人”与“物”两方面核心因素出发，提出“开放城市理念”。

项目设计中，开发商、商户、访客、公众等利益相关方获得表现自我个性的机会，最大程度参与、投入和贡献；不局限于商业相关的经营和功能内容，引入丰富多样、正式与非正式的文化活动；设计

图 5–5　三里屯 Village 南区地图

中注重空间的质量和可达性，给公众使用提供便捷。最终，项目由建筑高度、风格各异的十多栋建筑单体组合起来（图 5–5），形成不同的空间和视觉感受，同时维持宜人的空间尺度，许多通道、巷子、小径和庭院，纵横交错，环绕其中，南区的街道、巷子和广场 24 小时对外开放，公众可自由穿行、逗留和欣赏区内环境景观和活动，成功吸引和聚集了附近居民、上班族和访客（图 5–6）。

鼓励民间组织参与运营。民间组织有别于政府和私人，是非核心利益相关者，具有非盈利性，可以保持中立和公正的立场，获得各方信任。为获得良好的投资与运营效果，民间组织需要解决与相关利益方良好沟通和协商、日常维护、费用来源这三项最重要的问题。在纽约高线公园项目（案例详见“4.5”）中，民间组织“高线之友”（Friends of the High Line）与政府、周边土地所有者等展开了艰苦卓绝的谈判，并最终成功获得支持，推动项目实施，得到纽约市政府、联邦政府、州政府及房地产开发商的先期建设投资，还通过私人筹款获得大部分的日常运维费用，高线公园已经成为很多国家竞相借鉴的公共空间典范。不同于“高线之友”的严整组织，东京草原公园可谓是一个“神奇”的存在，由 25 个左右的核心成员构成了草原公园自由、松散但有效地自组织运营机构，他们定期组织利益相关方进行沟通协商，由志愿者轮流参与日常维护，通过制作和出售公园周边产品来获得运营资本，深受周边居民的支持认可，同样取得了巨大的成功。

图 5-6　三里屯 Village 街景与广场

东京草原公园[6]

草原公园（日语名くさっぱら公園）位于日本东京大田区，不同于一般的城市公园，这里没有地面铺装、市政座椅和儿童游乐设施，乍看上去是简单的空间，却也是一个令人自在的公共场所（图 5-7）。24 年前，草原公园发起人下中女士发现，政府计划在自家周边一片空地上建设公园，正征求“公园计划”，下中女士同邻居一起发起计划（图 5-8），期初的设想很简单：这个公园要像草原一样，没有人工游乐设施，孩子们可以挖土爬树，大人小孩都可以在这里玩。

为了获得更多支持和公园能够可持续发展下去，下中女士成立了草原公园组织来进行公园的日常运行，这个大约由 50 人构成的组织虽然松散但有效，日常运营商，公园与周边的居民等利益相关方保持很好的沟通关系，有志愿者轮流打扫，并且解决了关键的运营费用

图 5-7　草原公园内的活动

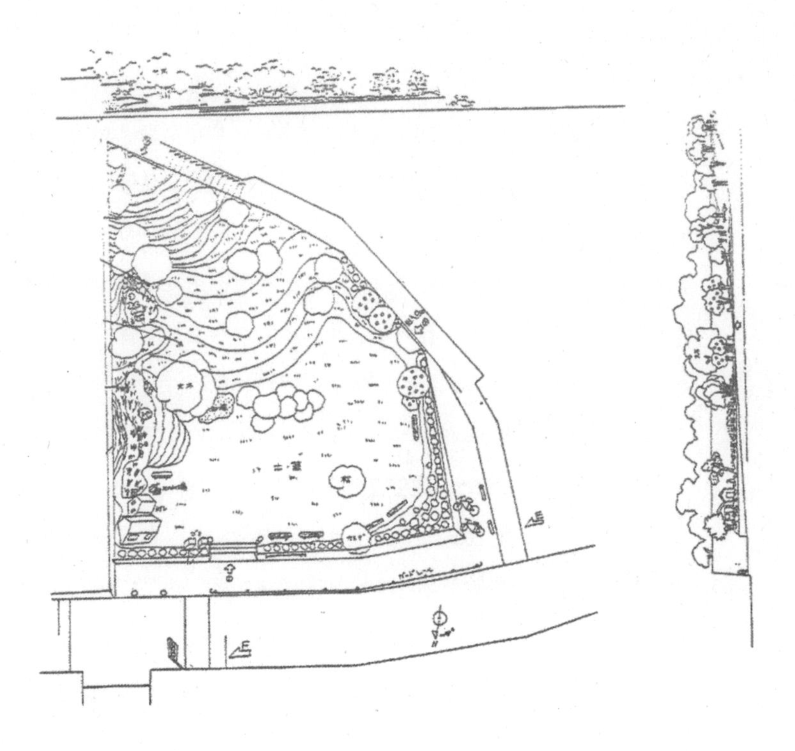

图 5-8　1991 年草原公园申请计划中的公园图纸

问题，因此，公园能按最初设想的一样，成为一处自在、可持续发展的活动空间。对此，下中女士说道“公园的‘公’不仅仅代表政府，也是属于大家的地方，不仅是使用，还要管理。草原公园就是在培育一种‘公共性’，让大家不断思考：如何参加活动，如何实现自己的想法。”

5.2 土地策略

建设公共空间体系、规范城市空间权属关系，需要精细化的土地出让策略，以从源头上把控，减少进而规避建设公共空间体系过程中不必要的博弈。使得政府有更多精力致力于规范、引导、监督公共空间体系建设，为私人设置明确的指引，引导其参与公共空间体系建设。具体策略包括：改变土地开发模式，以单体建筑为出让单元，避免城市空间割裂；土地出让条件中附加公共性私人空间建设条件，以具有法律效力的方式，来明确私人在公共空间体系建设中应当承担的责任。

5.2.1 改变土地开发模式，以单体建筑为出让单元

就我国目前的土地开发模式来看，由于能够减少成本、提高效率等原因，大多数开发商倾向于选择土地“一、二级联动”开发。土地“一、二级联动”开发指土地、房屋两级市场联动开发，也就是从事土地一级开发[7]的企业通过一定方式参与甚至主导二级开发。然而从城市发展的角度来看，这种方式存在弊端，容易导致开发商拿到成片的土地，形成城市割裂片区的现象，从土地出让伊始就为系统化的公共空间体系建设设置障碍。

规范土地一、二级开发市场，可以从源头上避免因开发商成片拿地而造成的城市空间割裂，有利于公共空间体系建设。在土地一级开发中应建立政府控股的一级开发企业负责土地的一级开发，并鼓励民间资本参与，建立法规限制一级开发企业进行二级开发的可能。经过了土地的一级开发，原本的“生地”和“毛地”已经成为满足房产市场二级开发需求的“熟地”。因此，在进行土地二级开发时，二级开发商不再承担与房屋建设无关的涉及土地开发及基础设施建设的工作，从而形成专业化的二级开发市场。

在专业化的土地一、二级开发模式统筹下，合理规划土地的开发顺序和流程也对城市空间有着重要影响。若缺乏有效的条款制约，开发商往往会在经济利益驱动下，优先开发有利可图的项目地段，而对于公共设

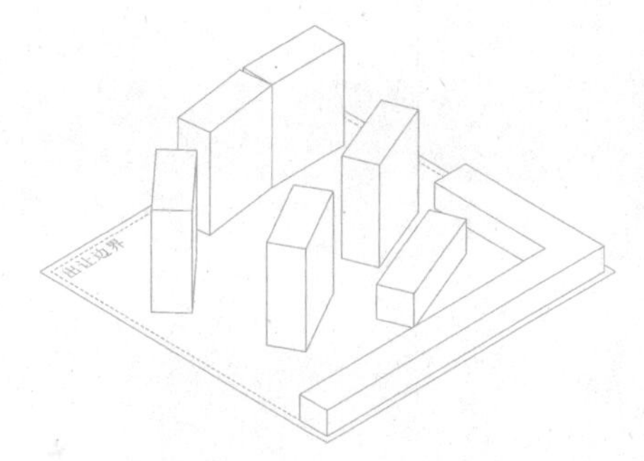

（a）整个地块出让（×）

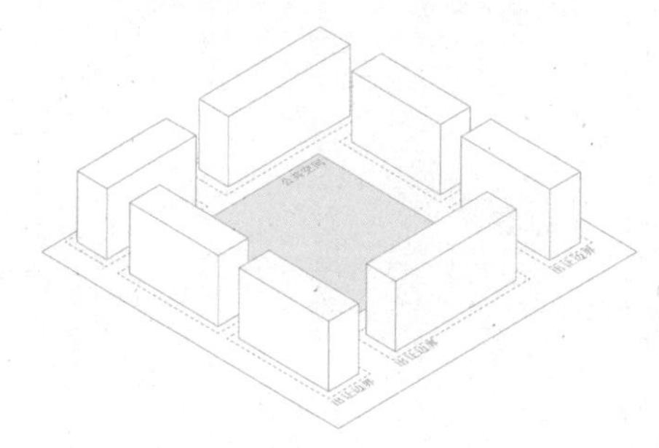

（b）单体建筑出让（√）

图 5-9　整个地块出让与单体建筑出让对空间的控制效果比较

施、公共空间的建设则相对滞后甚至搁置。为杜绝此种情形的发生，可以将土地开发顺序纳入土地出让条件，要求出让单元内房产开发和公共空间建设同步实施，以此来推动整体城市建设的品质提升。

缩小土地出让单元的规模，从更加细致的层面来保障城市空间的通达性，预留公共空间体系所需空间。土地出让单元最小可以缩小至单体建筑，相较于目前以地块为出让单元的做法，以单体建筑为出让单元，可以更有效地控制建筑的空间布局形态，提前预留出公共空间体系所需的空间（图 5-9）。在操作层面上，根据城市公共空间体系专项规划，在土地出让之前，确定单体建筑的位置，其内可以建造建筑，为私人空间；其外为公共空间。即便在尺度较大的地块内，以单体建筑出让的方式也能有效控制住整体的空间品质。

5.2.2　土地出让条件中附加公共性私人空间建设条件

即将出让的地块，根据公共空间体系规划，由政府组织私人和其他利益相关者制定适宜的公共性私人空间建设条件，作为土地出让条件的一部分，包括公共性私人空间的位置、运营与维护方、资金来源以及公共性私人空间的设计导则。借鉴《纽约私有公共空间设计导则》[8]，导则可包含表 5-2 中所列要素，该导则针对的是室外空间，室内空间可酌情参考，根据情况有适当变通。这是目前我国土地出让中重视不足的地方，在《国有土地使用权出让合同》中，土地出让条件的内容约束的是新建建筑物本身的属性以及其附属的基础设施工程，规范的是受让人服从政府整体规划的义务，以及政府对于城市规划调整的权利。其中缺乏的是在公共空间体系规划下的公共性私人空间的建设条件以及关于公共空间运营与维护方面的权责归属。

《纽约私有公共空间设计导则》的内容构成[9]　　表 5–2

要素	目的	要点
尺寸	保证广场足够大，能为公众提供服务和容纳所需的公共设施	可以舒服地容纳下座椅、植物和其他所需设施
配置	保证形状大致规则	形状规则的“主要部分”占总面积的75%及以上，形状不规则的“次要部分”不超过25%。 次要部分要与主要部分紧密相连，从主要部分能完整看见。宽度比深度至少为3:1，长边朝向主要部分的边缘
选址限制	确保建筑临街界面的连续性	距其他公共空间、公共性私人空间的距离
朝向限制	最大化获取光线和空气	南向是较好的选择，此外也可朝东面或西面，不允许仅朝向北面
可见性	对促进广场开放感和安全感来说是至关重要的	在任何邻近临街面都能被完整看见。所处街道街角不到90度时，需一个临街面被完整看到，其他临街面至少看到一半
穿越街区的公共广场	连接两侧街面	包含至少一条连接两条街道的动线，并且动线的宽度不小于10英寸
临人行道面	适用性	临人行道面至少有50%的部分不被遮挡
抬高	高度相差很多的话会减少广场的实用性、吸引力和安全感	应当位于和临近人行道和街道大致相同的高度。高于临近人行道不到2ft这种在立面上的微小改变是允许的。允许大型公共广场在设计上额外的灵活性
台阶	确保舒适，安全和适合广场设施的高差变化	台阶的高度需要在4～6in之间。台阶梯面在梯面宽度上不少于17in，除了5in的台阶可以有至少15in宽的梯面
动线路径	确保进入广场和广场内部的有效连接	动线路径至少8ft宽，并且至少扩展到广场深度的80%。动线路径需要连接广场面向的每一个临街面，所有广场和建筑的入口，和广场主要的设计场所
允许的障碍物	保证安全	通常需要对天空开放并且没有障碍，除非一些被允许的特定障碍物
座椅	大量的、良好设计的并且舒适的座椅供应是公共广场设计中最重要的因素之一	为了最大化提供加强社交的舒服、便利的座椅，广场设计者应当仔细地考虑座椅的种类、尺寸、位置和配置

续表

要素	目的	要点
植物和树木	是成功愉悦公共空间的基本组成	平衡硬质铺地和种植区域
照明和电力	安全	所有可步行区域、座椅区域以及邻近广场的步行道保持水平照度为两英尺烛光以上
垃圾桶	满足使用需求	必须有足够尺寸和数量的垃圾桶来满足典型的广场使用
自行车停放	满足使用需求	规定数量，设置在容易到达且能够良好使用的邻近公共广场的人行道上
公共空间标识	便于辨认、明确设施和可使用时间	清晰、可见、可读，标识包括进入指示牌、信息指示牌、开放时间指示牌、禁止标识、附加标识等。制定标识的字体、颜色和材料的标准导则
附加设施	较大的广场需提供附加设施，容纳更多需求	附加设施有：艺术品、可移动桌椅、例如喷水池或倒影池的水景；儿童乐园；游戏桌椅；和餐饮服务，例如露天咖啡厅、售货亭，或在邻近零售空间里的餐饮服务
开放时间 / 夜间关闭	—	默认情况下，所有私有的公共广场都 24h 对公众开放。夜间关闭需通过审批，并设定开放的最少时间限度
残障人的可达标准	确保广场对所有能力的使用者来说都是可达的愉悦的	根据相关法律法规设计
售货亭和露天咖啡厅	为公共广场使用者提供有价值的餐饮服务设施	需批准才能设立。规定允许的使用面积及其他设计要求，不能对进入广场、广场内部流线造成阻碍
公共广场前部的使用	一个广场的生机和活力与和广场直接相连的建筑的使用直接相关	不影响视线的活跃用途通过为广场使用者提供物质的和视觉的设施来使广场更有活力。相对的，不透明的白墙，如果没有被恰当处理的话，会抑制空间的使用。在一个公共广场上，至少有 50% 的建筑正面在合适的区域被用作零售或区划允许的服务机构。将建筑主入口位于广场上或非常靠近广场的地方

《国有土地使用权出让合同》中关于受让人对土地开发建设与利用的内容有：受让人在本合同项下宗地范围内新建建筑物的，应符合一定的限制条件，如主体建筑物性质、建筑容积率、建筑密度、建筑限高、绿地比例等（第三章第十一条）；受让人同意在本合同项下宗地范围内一并修建某工程，并在建后无偿移交给政府（第三章第十二条）；受让人在受让宗地内进行建设时，有关用水、用气、污水及其他设施同宗地外主管线、用电变电站接口和引入工程应按有关规定办理。受让人同意政府为公用事业需要而敷设的各种管道与管线进出、通过、穿越受让宗地（第三章第十四条）；政府保留对本合同项下宗地的城市规划调整权，原土地利用规划如有修改，该宗地已有的建筑物不受影响，但在使用期限内该宗地建筑物、附着物改建、翻建、重建或期限届满申请续期时，必须按届时有效的规划执行（第三章第十八条）。

5.3 规划策略

城市规划的重点是保障公共利益的完整实现，落实在空间中就是要构建完整的公共空间体系，对私人空间的规划要求也来自于此，即因为公共空间体系有需求，才对私人空间提出规划要求。基于这样的认知，在具体的规划中，应当尽力做到“整合”与“放权”相结合：整合，即将能统一提供的空间功能尽量合并到一起，避免分散在不同的私人空间中造成空间浪费；放权，即在满足公共空间体系需求的基础上，给私人更灵活、自由的功能与建设指标的选择权力。以公共空间体系规划为最上位的规划指引，对于新城、新区、新出让地块，可以采取划分适宜尺度的地块、增加路网密度等策略，这样有助于在建设伊始就把控住空间的使用状况，为公共空间体系预留充足空间；对于已建成区域，尤其老城和高密度城市，应以博弈为主要手段，充分整合利用微小和闲置的空间，渐进“织补”和完善公共空间体系。

5.3.1 制定公共空间体系的专项规划

公共空间体系专项规划是城市公共空间体系的核心规划，也是公共空间体系的顶层设计。规划制定的过程也是博弈的过程，要点为：①利益相关者广泛参与全过程，在明确问题、分析原因、规划编制、评估选择、规划实施的各阶段，都需要相关利益方充分表达诉求、参与决策；②以问题为导向，从问题中导出目标，而非凭借想象设定，这样做出的规划更加具有操作性和现实性，不同类型的城市、不同类型的空间（新城、老城）所面临的公共空间问题差异很大，需有针对性地提出解决方案；③留足弹性空间，规划的解决方案并非唯一，也并非是一成不变的，公共空间体系的布局、数量、供给都可以有多种方式，留足弹性空间既可以使规划在未来需要调整时更加具有适应性，也为博弈创造了条件；④保证公共空间体系的系统性和完整性。例如城市尺度的德国的“区域绿色走廊”计划，由鲁尔煤管区开发协会统一制定计划和推进，以改善环境为目标，在 $320km^2$ 的区域内建立了区域性公园系统，不仅解决了该计划设立之初存在的环境问题，也为人们的生活与工作提供了可持续的环境支持；街区尺度的北京金融街中心区，规划设计了由中心绿地为代表的公共开放空间、区域标志性开放空间、建筑之间的庭院等组成的公共空间体系（图 5-11），具有连贯性和完整性。

德国“区域绿色走廊”计划

鲁尔工业区是位于德国北莱茵—威斯特法伦州中部的莱茵河、鲁尔河、埃姆歇河、雷普河流域集中的工业地区的统称，是德国传统的煤钢基地，在历史上曾经是德国乃至整个欧洲的工业中心，20 世纪 50 年代由于结构性危机导致地区主导产业衰落，产生了一系列的经济、社会和环境问题。对此，政府出台了一系列措施进行经济转型和产业改革。

图 5-10 鲁尔工业区实景照片

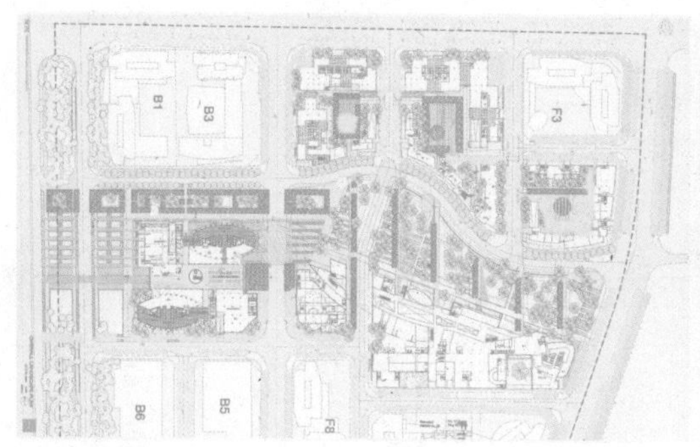

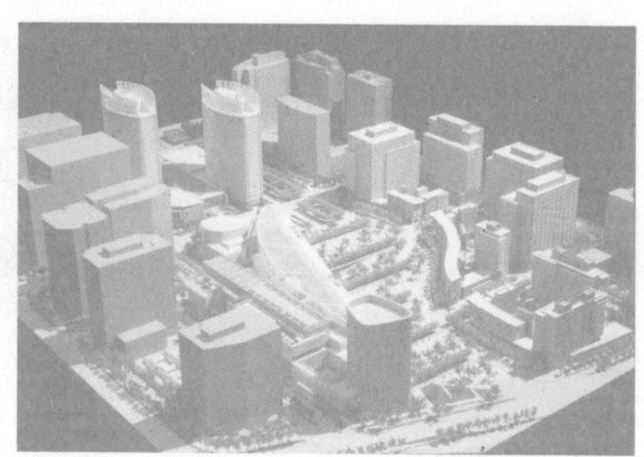

图 5-11　北京金融街中心区规划

鲁尔煤管区开发协会（简称 KVR）是政府实行区域整治的最高规划机构。[10] 基于鲁尔煤管区开发协会提出的“区域绿色走廊”计划，1989 年开始启动“国际建筑展埃姆舍公园”（IBA Em scher park）计划。埃姆舍公园计划的一大主题即“绿色框架”主题，提出将 $320km^2$ 区域范围内保护和再生的绿地连接成一个链状的绿地空间结构，构建成完整的区域性公园系统。同时，对埃姆舍河道进行系统再生改造（Regeneration of the Emscher River System）。埃姆舍河道系统过去曾是大量生活污水和工业废水排放的载体，是开放的“排污系统”。平行于埃姆歇河修建了 60km 长的排污管道，通过它将原来排向河中的污水引向流域内的三个污水处理厂。绿色框架计划在 1999 年之前全面开始运行。

计划通过开放空间整合、景观恢复和提升环境的生态和美学质量，实现区域内居民的生活和工作环境的持续改进。在区域内规划了 7 条南北轴向的绿色廊道，邀请世界著名的建筑和景观设计师共同参与规划和设计区域内的主题公园，包括北杜伊斯堡公园、城西公园、诺德斯特恩公园等。7 条绿色廊道成为区域整体开发的基础，经过生态恢复，埃姆舍河道转变成为动植物栖息的场所和城镇居民娱乐、休闲的景观区域。由于长期坚持植树种草，鲁尔区现在已拥有连绵不断的绿色地带，天蓝水清，在高速公路上驱车，两旁都是绿色的草地和树林。鲁尔已成为一个新的绿色鲁尔，保护环境成为鲁尔人包括青年人的共识。在多特蒙德市 28000hm^2 面积中，50% 是由公园、花园、草地和树林组成的绿地。市政部门管理着500 个绿地和公园，以及 10 个大型树林，这些树林覆盖了 2260hm^2 的土地。市政部门对个人照料的 35000 个私人绿地提供帮助，拨给物资。市区有一条长达 240km^2 的林荫人行道，连接了城市的各主要公园。[11]（图 5-10）

5.3.2 新建区域的规划采取适宜的地块尺度

地块尺度会影响建筑与街道的布局，这对建筑空间和城市环境的形成都有重要的意义，城市中宜采用较小的、适宜的街区尺度，提供更友好的步行空间，这样做也有利于形成丰富多样的城市公共空间体系。当地块尺度较大时，步行街道空间减少，并且即便在法规控制下，内部建筑都可较自由地摆放，规划对建筑布局的控制力不足。但是当地块被有意识地不断切分后，步行街道空间增加，地块内部建筑的排布方式被限定，能够实现规划师所预想的建筑空间的布局以及外部空间的构想。[12] 易言之，当地块尺度减小到建筑在地块内不能围合成较完整的空间时，地块通过建筑的边缘与周边环境围合成外向型空间，当建筑边界后退于地块边界时，就可以形成友好的街道和广场。而在大尺度地块内，其内部形成独立的多层次空间，将缺乏与城市的交流沟通。如图 5-12 所示，当地块较大时，建筑的布局比较自由；而对地块进行六等分后，建筑布局受到很

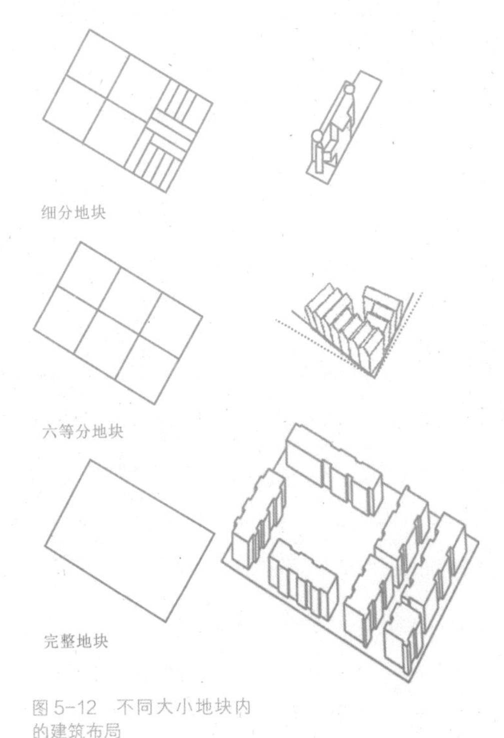

图 5-12　不同大小地块内的建筑布局

大的限定，建筑往往沿着地块的周边布置，围合成一个内院；当六等分后的地块再分为若干地块，且每个地块大小仅能布置一栋条形建筑时，建筑的布局几乎被限定住了，难有变化的余地。在深圳市中心区的规划设计中，美国 SOM 设计公司在原规划基础上缩小了地块的尺度，地块平均面积由 $0.9hm^2$ 降至 $0.55hm^2$，提高了土地利用效率，留出独立的公园用地，小地块增加的边界，为连续的街墙和骑楼提供条件，最终建成了由公园、连续的街墙和骑楼组成的外向型公共空间体系。

深圳市中心区 [13]

深圳市中心区（也称为深圳 CBD，最初名为福田中心区）位于深圳市中心，由益田路、福华一路、新洲路、深南大道围合的两个街坊构成，在该项目之前，深圳已经建成了罗湖中心区，经济上取得了极大成功，但城市建设上并不理想，存在公共空间缺乏秩序感和系统性的问题。为此，建设深圳市中心区时，政府管理部门认为，该项目的规划建设不能“穿新鞋走老路”，不应再造一个罗湖中心区。因此，一改传统的二维规划、指标控制的管理方法，采取三维城市设计的管理方法，有效组织和管理了该区域办公建筑群体的公共空间设计。这也是我国较早的完整实施和运行城市设计的成功案例。

为了改变建筑师只考虑用地红线内的建筑设计的做法，避免街坊整体空间形象松散无序的状况，彻底改变公共空间既缺功能又缺形象的恶劣局面，管理部门决定统一规划设计办公楼群的整体空间形象，详细制定公共空间的城市设计指引。经过认真比选，邀请美国芝加哥 SOM 设计公司对本项目进行详细城市设计，设计的目标是形成连续、舒适的街道界面及步行空间，整体开发，营造良好的 CBD 办公区。

缩小地块尺度是该方案的重要举措之一。原址两个街坊被划分为

（a）1997年的支路网及单向交通组织图

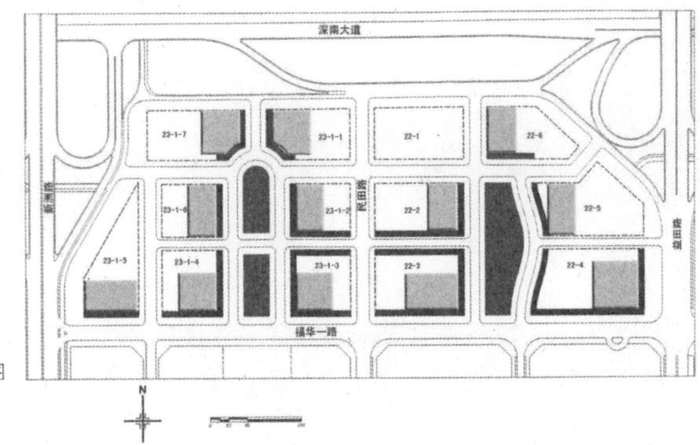

（b）SOM公司的规划图

图5-13　深圳市中心区地块规划图对比

面积8000～16000m^{2}的13个地块（图5-13），建筑覆盖率不超过45%，这种划分会形成退用地红线较大的局面，参差不齐的建筑塔楼的布置方式会使整个社区减少整体感。SOM公司制定的方案（图5-13）中，缩小了每个地块的面积，余出的面积一方面用于加密支路，另一方面，结合各地块原本分散、不确定的室外空间，建设了两个小公园。最终，在每栋建筑的建筑面积不变的情况下，通过缩小地块，地块平均面积由0.9hm^{2}降至0.55hm^2，使建筑覆盖率由45%提升为90%；增大容积率，地块平均容积率由5.3升至7.5，避免退后红线过大，或者在红线内造小公园等现象。这样处理未改变土地的开发强度，但提高了土地利用率，形成了由公园、连续的街墙和骑楼组成的外向型公共空间体系（图5-14）。

图 5-14　深圳市中心区实景

5.3.3 已建成区域尽量盘活微小和闲置空间

在高密度的建成区或老城区，集中整理出大面积的公共空间或公共性私人空间极为困难，充分挖掘微小空间和闲置空间可以缓解空间不足的问题。一方面通过改造和再利用政府拥有所有权，且未被充分利用的空间，使之成为新的公共空间；另一方面通过博弈，使私人让渡出闲置的私人空间作为公共性私人空间，供公众使用。

这方面已经有了很多成功的实践尝试，例如兴起于20世纪60年代的“口袋公园”（Vest-pocket Park）[14]，1967年5月，美国纽约53号佩雷公园（Paley Park）正式开园，标志着口袋公园这一公共空间形式的正式诞生，[15]随后口袋公园的理念在很多国家得以推广和扩展，在我国也有一些实践落地，例如北京王府井的口袋公园。口袋公园也被称为袖珍公园，是规模很小的城市公共空间，常常呈斑块状散落或隐藏在城市结构中，城市中的各种小型绿地、小公园等都是常见的口袋公园。[16]口袋公园因其选址灵活、面积小、离散分布的特点，能有效利用城市规划建设中留下的边角空置空间、空间界面处的闲置空间，弥补大型空间存在服务辐射空白区、可达性较差的不足，尤其可以在较大程度上提升高密度城市区域的空间环境品质，成为公共空间体系建设的重要策略。口袋公园的设计要点可为微小和闲置空间利用提供参考：

1）选址：可以位于街角、街区内部，甚至跨街区，一般情况下，应满足服务半径范围内的使用者可以不用穿越主要街道就可步行抵达。尽可能与交通规划相结合。充分考虑各种天气状况下的公园利用。

2）设计程序：设计师要充分调研公园辐射范围内的区域，根据开敞特点、与交通的关系及潜在的活动人群，采取不同的设计方法，尤其要注重社区参与的重要性。

3）入口：需精心设计，让路过的行人清晰辨识出来这是一处公园，无须进入即可看到公园里的活动。

4）界面：与私人空间的界面，其设计方法以不打扰私人权益为宜；与公共性空间的界面，可打通界面，使公园活动延伸到另一侧。

5）功能：使用功能比观赏功能更重要，根据居民的需要，提供足够设施。

6）绿化：精心配置植物。

7）地面：不同铺装材料用于不同用途，采用不同材质铺设主要步行道路、儿童活动的保护性地面、硬质地面等。

8）维护与管理：人员、资金到位是维护和管理的关键，激发周围居民的主人翁感，带动他们共同管理。[17]

美国佩雷公园

佩雷公园位于纽约中央公园南侧不远的53号大街上，是威廉·佩雷为纪念他的父亲塞缪尔·佩雷而修建的公园，由私人拥有、修建、管理，运营资金全部来源于绿色基金会，对公众免费开放。在佩恩与袖珍公园的提出者罗伯特·载恩的合作下，公园并不追求成为多功能公园，而是旨在成为“城市中心的绿洲”，这里为人们休息提供场所和一些简单设施，带来远离纷繁环境的体验。公园于1967年建成，1999年重建，占地仅有390m^2，为12m×32.5m的长方形。虽然公园面积非常小，但功能使用及设计却非常精细成熟，其利用城市高楼作为背景形成良好的微气候，瀑布的声音削弱街道噪音的影响，折叠的可移动座椅容纳密集的人群，松散的树木分布营造轻松氛围等，深受周边居民、工作者、游人喜欢。（图5-15）

王府井街道整治之口袋公园

王府井西街作为王府井步行街西侧的机动车道路，承担着王府井地区重要的交通职能。在街道拆迁的过程中，王府井西街、北侧大甜水井胡同以及南侧大纱帽胡同出现了参差不齐的城市界面，共形成

4处凹进的消极空间。在街道整治的过程中，保留老城文脉的思想贯穿始终，设计灵感来源于旧日北京城生活最寻常的细节，最终提炼出“墙上痕”与“树下荫”的设计表达方式。“墙上痕”提取北京传统建筑中的砖墙意象，以砖缝的形式来复原留存在北京人脑海中的，古老砖墙在阳光照射下的明暗、光影交叠的印象。“树下荫”则是对于老北京生活场景的还原，游客或是当地居民在街角口袋公园中的树荫下惬意的休憩与交谈，即是在新的环境下对老城文脉良好的延续。（图5-16）

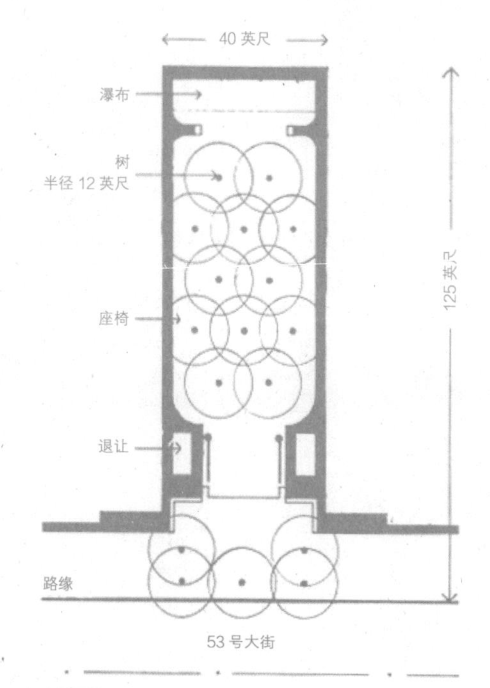

（a）平面图

（b）公园内景之一

（c）公园内景之二

图5-15 佩雷公园

类似的做法还有“停车场公园”(Parklet)，这类公园通常只有几个停车位的大小，作为人行道的扩展，为人们的街道活动提供服务设施和绿色空间，可设置在一些缺乏城市公园或活动空间不足的地方，供行人放松、驻足并休息。停车场公园的概念最早起源于美国旧金山，之后被引入墨西哥等国，2013 年 2 月，旧金山规划部门还发布了《旧金山停车场公园手册》(《San Francisco Parklet Manual》)，全面阐述了停车场公园的政策、流程、程序、导则等。在 2014 年北京设计周上的“胡同里的微空间”项目即采用了这种理念，取得了很好的效果。

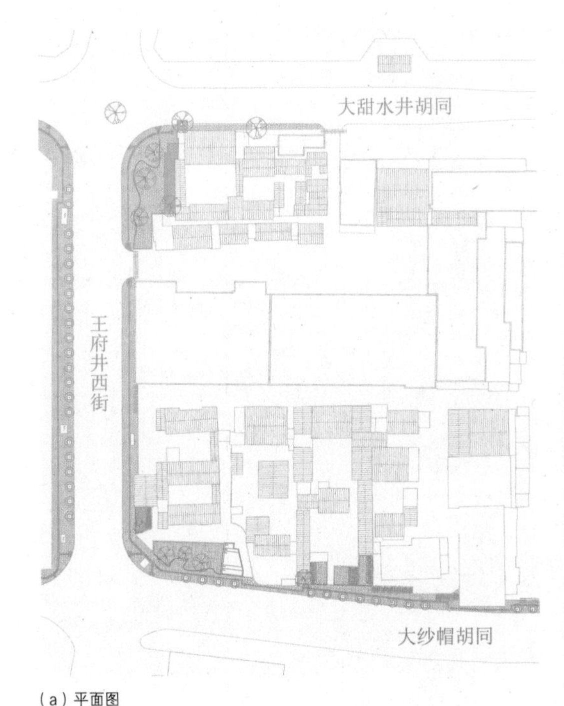

(a) 平面图

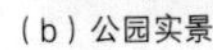
(b) 公园实景

图 5-16　王府井口袋公园

北京“胡同里的微空间”[18]

胡同里的微空间是2014年10月北京国际设计周期间，由Emote设计团队设计的一处停车场公园，占地约3个停车位，位于北京大栅栏片区的杨梅竹斜街西侧。设计团队认为，建筑之间的空间与建筑本身同样重要。大栅栏独特的有机更新模式使得传统人性化尺度的城市肌理得以保存。但同时，私人小汽车难以满足的使用需求也在不断蚕食稀缺的胡同空间。项目通过将停车位置换为微公园，为人提供一种更加均衡的街道空间体验，并鼓励居民使用更为高效的绿色交通方式出行。在详细调研的基础上（图5-17），项目试图找回失落的公共空间，并将其打造为具有吸引力的社区公共空间（图5-18、图5-19），从而提升杨梅竹斜街西端的活力，并激发大栅栏地区形成一个高品质的公共空间网络。

What is Urban Quality?
什么是城市的品质？

QUALITY ASSESSMENT 空间品质评价

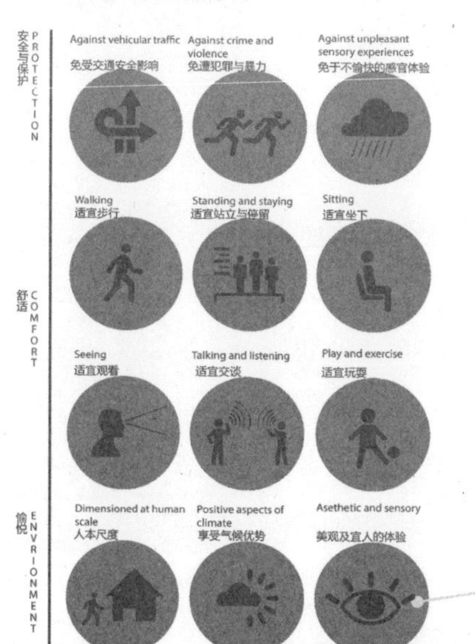

Assement of original, existing space based on the checklist of 12 qualities for public spaces developed by Gehl Architects

利用盖尔事务所提出的公共空间12项品质检查清单对原有空间进行评价。

7
4
1

记住，美学并不是唯一重要的事情

图5-17　地块“城市公共空间12品质”评价分析

（a）设计之前

（b）设计之后

图 5-18 “胡同里的微空间”设计前后对比

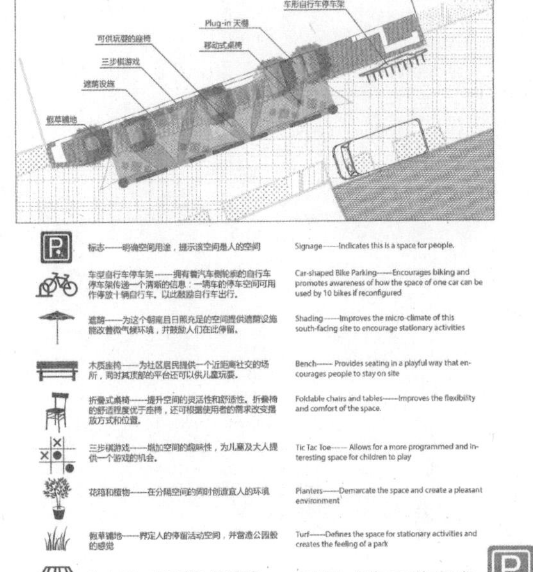

图 5-19 “胡同里的微空间”9 项人性化设计

为此，设计团队借鉴了停车场公园的理念，通过微公园标识、车型自行车停车架、遮荫设施、木质座椅等 9 项人性化设计（图 5-18），打造出很受欢迎的微公园。

5.3.4 增加路网密度

街道既是公共空间体系的重要组成部分，也是保障公共空间体系连续性的重要线性要素（详见 6.2.1）。20 世纪初，小汽车的普及和发展对传统的城市密路网提出挑战，中外很多城市开始采用大街巷、宽马路、尽端回路的形式组织交通。20 世纪 60 年代以后，在简・雅各布斯等人反思现代主义路网和对传统街道价值的倡导下，高密度路网和作为公共空间的街道理念逐渐回归到城市实践。高密度路网的核心价值在于：第一，连接性。连接公共空间、公共性私人空间，保障了公共空间体系的

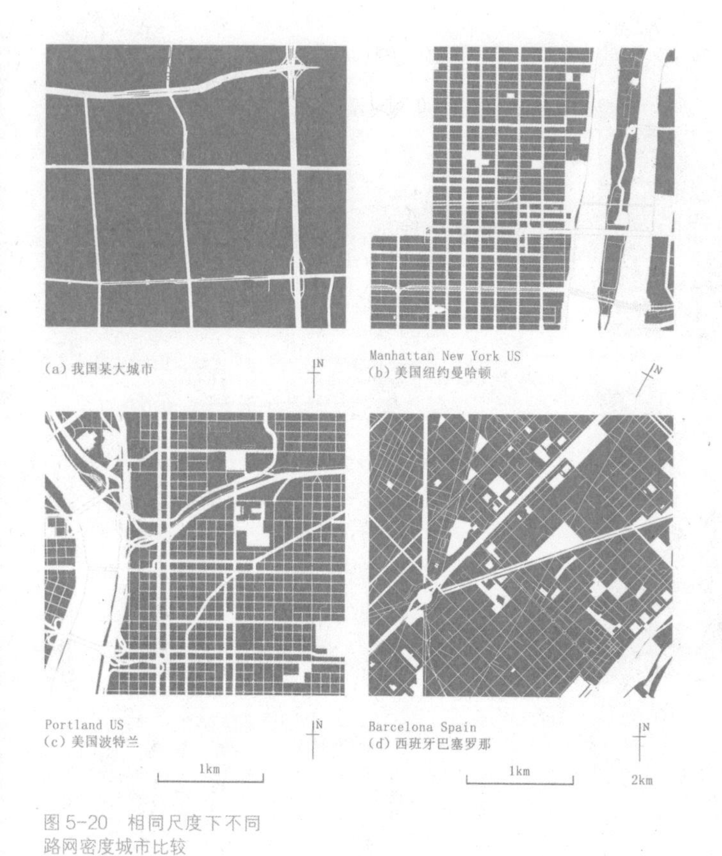

图 5-20 相同尺度下不同路网密度城市比较

连续性和完整性，与此同时，人们出行与到达公共空间体系的路径也将有更多选择。如图 5-20 所示，同等尺度之下，高密度路网的城市，具有更紧密的空间连接性；第二，步行性和公共性。更密的街道也为人们提供了更加丰富多样的公共空间，当然，高密度路网并完全不等同于宜人的、适宜步行的公共空间，还需要有安全、友好、连续的街道立面，支持步行的街道空间设计，合理的步行、非机动车、机动车空间分配，混合的使用功能等措施的配合。

美国波特兰高路网密度城市 [19]

美国俄勒冈州波特兰市截至 2010 年，城市的人口约为 58 万人，城市核心区面积 11.13km^2，威拉米特河穿城而过。波特兰市的大部分街区尺度为 60m×60m（图 5-21），在美国的大城市中也是最小的。城市路网密度极高，街道与开敞空间占核心区面积的比例接近 50%，为市民提供了尺度宜人、相互连接的开放空间系统。高密度的办公区沿公共交通线路布局，并进行土地混合利用。波特兰城市核心区街区尺度为 60m×60m，呈棋盘状匀质路网。除去下城区宽 24m 的南北向道路，城市道路大部分为 18m 宽。若在 1km 的区域内，按照 60m 的街区长度、东西向 18m 的街道宽度，南北向 24m 的街道宽度计算，可布置 1000m 长的东西向街道 13 条、南北向街道 12 条，那么区域内有 25km 长的街道，即路网密度为 $25km/km^2$。

图 5-21　波特兰核心区路网肌理

图 5-22　波特兰带形绿地公园

高密度路网格局下，波特兰城市空间形态识别性强，走在波特兰的城市核心区内，可以清晰地感知自己所处的位置，也形成了由街道、广场、绿地公园等构成公共空间体系，具有很好的空间品质，其服务半径绝大部分在 400m 以内，少部分在 800m 以内。例如，波特兰核心区西部片区的两个南北向的带型绿地公园（图 5-22），由小街区组成的绿地街区东西向边长约 30m，南北向边长约 60m，带型绿地串联核心区内高强度开发的街区并与周边的山体连接。

5.3.5　改变对私人空间内的规划指标要求

公共空间体系是建立在正确处理公、私空间关系的基础之上的，通过对不同权属类型的地块间的空间接驳关系、功能兼容性进行梳理，建立私人空间之间、私人空间与公共空间体系之间的共享和连通渠道。政府与市场投资人进行整体开发时，一方面鼓励整合和共享功能，节省出的空间可作为公共性私人空间使用，例如利用城市道路作为消防环路、机动车出入口整合到建筑内等；另一方面，将分散的碎片化功能整合后集中供给，例如绿化、人防应该进行统一建设，既减少了对私人空间不必要的管控，又提高了城市空间的利用效率。具体策略包括但不限于以下方面：

1）在符合《建筑设计防火规范》GB 50016—2014 的前提下，尽量利用城市道路作为消防环路，减少建设用地内不必要的消防环路建设。（图5-23）

《建筑设计防火规范》GB 50016—2014 7.1.1 中提到，“当建筑物沿街道部分的长度大于 150m 或总长度大于 220m 时，应设置穿过建筑物的消防车道。确有困难时，应设置环形消防车道。”在本条规定的条文说明中解释到，“本条规定主要针对城市建成区内建筑比较密集、新老建筑交织，规划与建设不同步，导致建筑周围的道路和消防供水等市政设施不能完全满足消防车通行和建筑灭火救援需要。”“在住宅小区的建设和管理中，存在小区内道路宽度、承载能力或净空不能满足消防车通行需要的情况，给灭火救援带来不便。为此，小区的道路设计要考虑消防车的通行需要。”

2）机动车出入口整合到建筑内部，尽量与城市道路直接连接，减少额外构筑物占用空间，也使得场地道路的设置更加简洁高效。（图 5-24）机动车出入口直接通向城市道路时，需要符合《车库建筑设计规范》JGJ 100-2015 中 “基地出入口不应直接与城市快速路相连接，且不宜直接与城市主干路相连接” 的规定，以保障城市主要道路交通安全与通畅。

3）取消绿地率要求，在满足服务半径的前提下，改为区域统筹建设（图 5-25）。现行规范对不同类型的用地都有绿地率的最低要求，例如《上海市绿化条例》中规定，“新建居住区内绿地面积占居住区用地总面积的比例不得低于 35%；新建学校、医院、疗休养院所、公共文化设施，其附属绿地面积不得低于单位用地总面积的 35%；新建工业园区附属绿地总面积不得低于工业园区用地总面积的 20%”。然而，在城市建设过程中，规定硬性的绿地面积指标是必不可少的，但同时还应该合理规划绿地的分布方式，避免出现绿地建设过于分散、无序、缺乏有效管理等消极现象，从而使现有的绿地发挥最大的效用。相比

图 5-23 利用城市道路作为消防环路

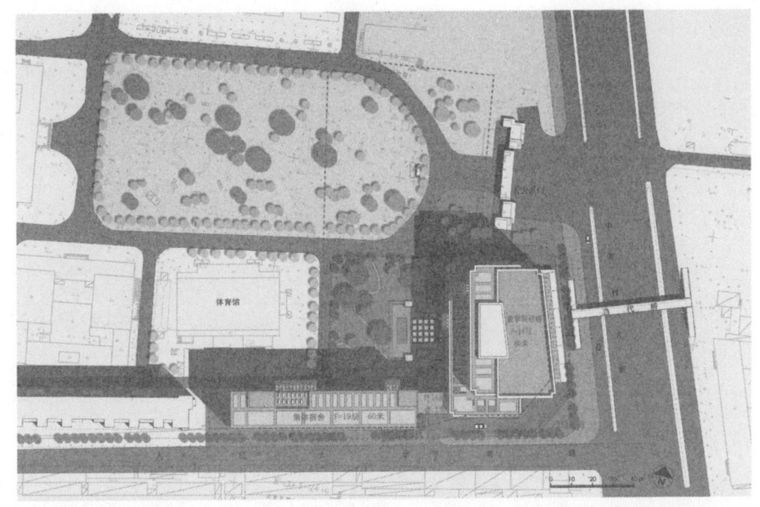

（a）人民大学东南区教学综合楼及留学生宿舍项目方案：利用城市道路（人民大学南路）作为消防环路的南侧部分以及扑救场地。

（b）自建消防环路（×）

（c）利用城市道路作为消防环路（√）

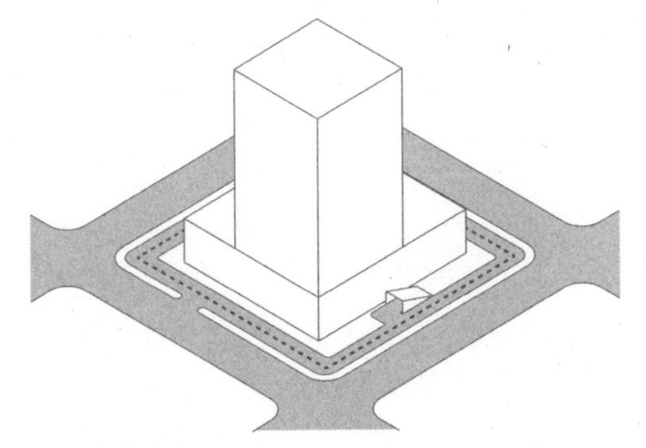

（d）自建消防环路（×）

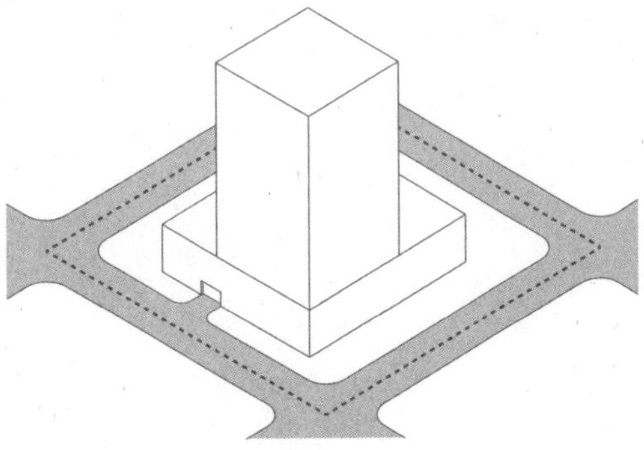

（e）利用城市道路作为消防环路（√）

（a）机动车出入口实景

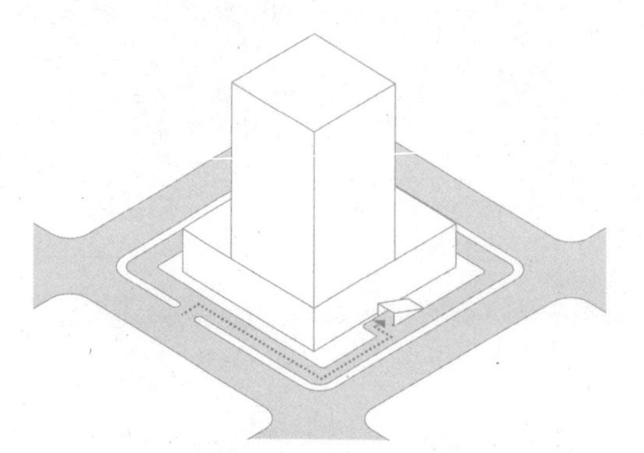

（b）单独设置机动车出入口（×）

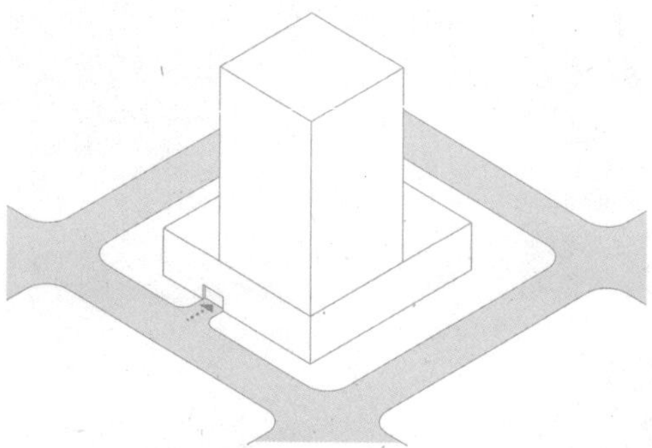

（c）与建筑物整合设置机动车出入口（√）

图 5-24　机动车出入口与建筑物整合设置

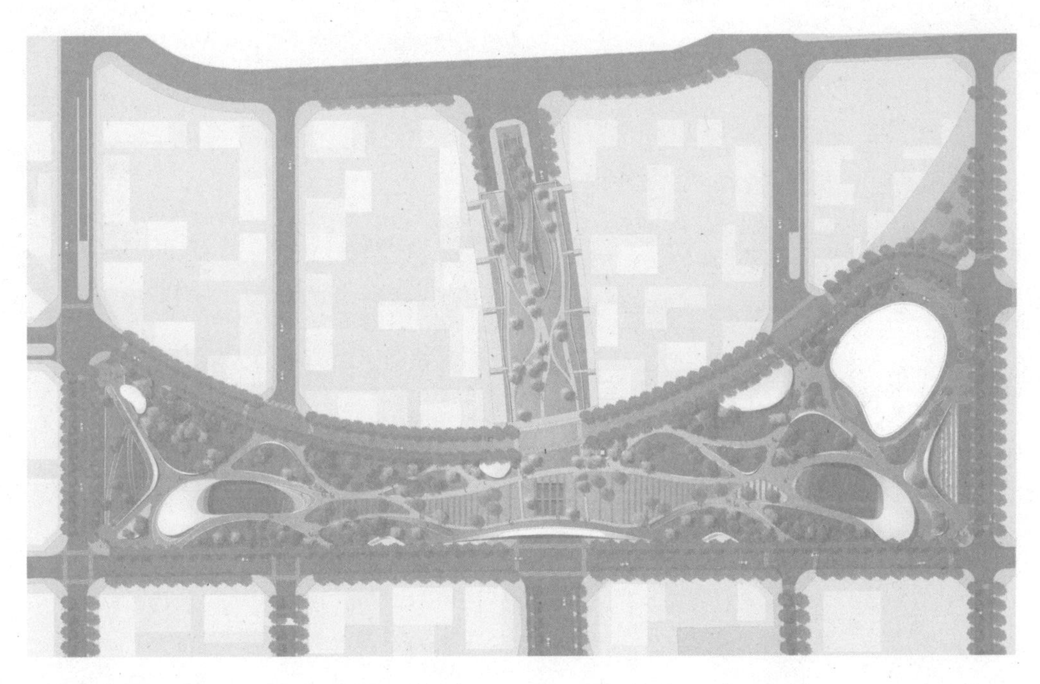

（a）北京奥体文化商务园（奥体南区）项目平面图：在地面层统一设计、管理、建设了占地约 6.4hm² 的中央绿地，对其他地块不做绿地建设要求。

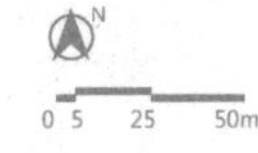

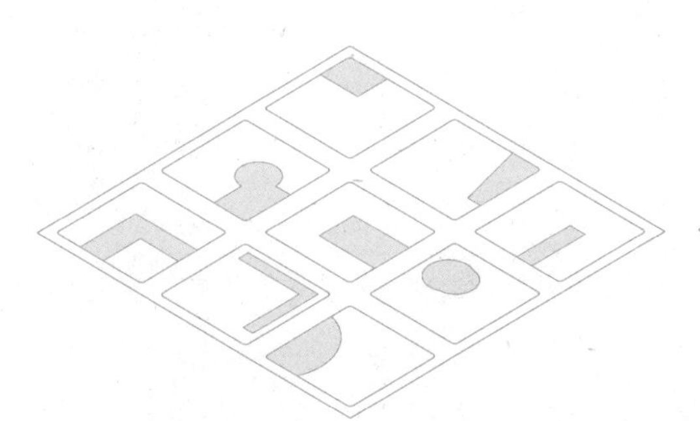

（b）绿地分散建设（×）

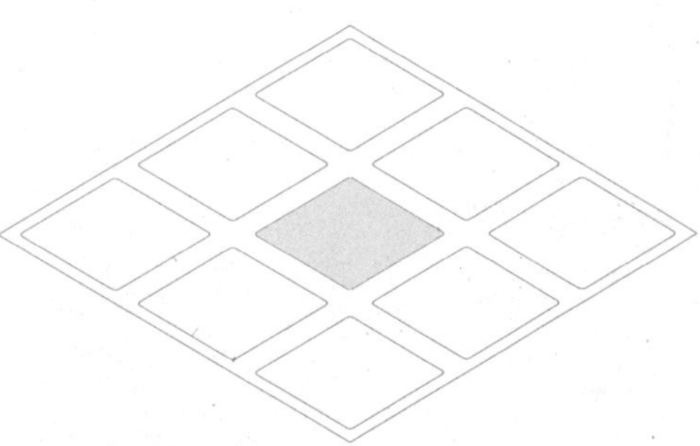

（c）绿地集中建设（√）

图 5-25　绿地集中建设

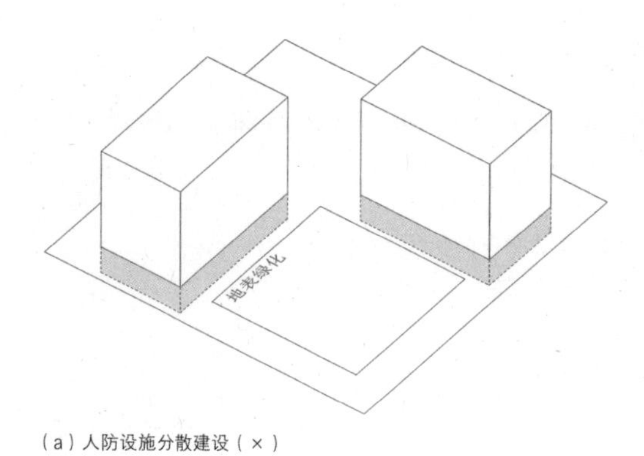

（a）人防设施分散建设（×）

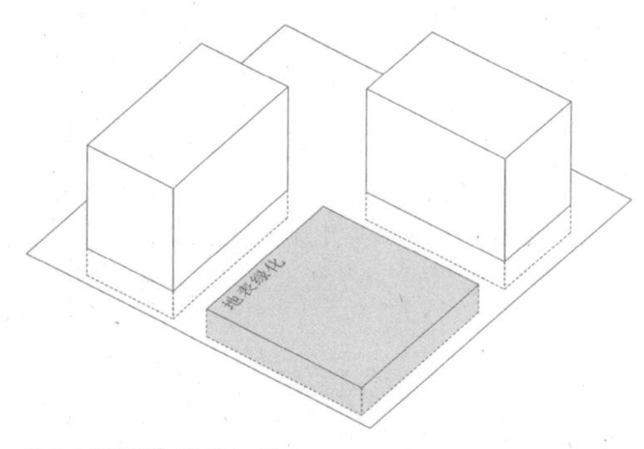

（b）人防设施集中建设（√）

图 5-26　人防设施集中建设

于对每个地块单元都做绿地率的建设要求，在满足服务半径的前提下，将一定区域内的绿地进行统筹建设，可以提升绿地对于改善城市空间品质的积极作用。首先，对一定区域内的绿地面积进行整合可以得到相对大规模的绿地，绿地规模的提升可以增加植物种类，增强小范围内生态圈的动态稳定性；另外，绿地属于城市公共资源，这样做可以最大程度上地解放绿地资源，使其完全开放给城市，避免碎片式的绿地散布在小区、大院里，成为小部分群体的“专属资源”。

4）集中建设人民防空工程。人民防空工程是指为保障战时人员与物资隐蔽、人民防空指挥、医疗救护而单独修建的地下防护建筑，以及结合地面建筑修建的战时可用于防空的地下室（简称防空地下室）。现行的《人民防空工程建设管理规定》（国人防办字 2003 第 18 号）要求新建民用建筑大部分需要建设防空地下室等人民防空工程，除非条件不允许才可申请易地修建。建议放松对单个地块内人民防空工程的强制要求，探索人防开发建设在一定区域内转移的可能性，即将附近建筑物要求的人民防空成成面积合并至公共绿地统一建设（图 5-26），同时要满足《人民防空地下室设计规范》GB 50038—2005 对防空地下室 200m 服务半径的要求，“人员掩蔽工程应布置在人员居住、工作的适中位置，其服务半径不宜大于 200m”。

《人民防空工程建设管理规定》（国人防办字 2003 第 18 号）

“第四十七条新建民用建筑应当按照下列标准修建防空地下室：

(一)新建10层(含)以上或者基础埋深3m(含)以上的民用建筑，按照地面首层建筑面积修建6级(含)以上防空地下室[20]；(二)新建除一款规定和居民住宅以外的其他民用建筑，地面总建筑面积在2000m^{2}以上的，按照地面建筑面积的2%～5%修建6级(含)以上防空地下室；(三)开发区、工业园区、保税区和重要经济目标区除一款规定和居民住宅以外的新建民用建筑，按照一次性规划地面总建筑面积的2%～5%集中修建6级(含)以上防空地下室；按二、三款规定的幅度具体划分：一类人民防空重点城市按照4%～5%修建；二类人民防空重点城市按照3%～4%修建；三类人民防空重点城市和其他城市(含县城)按照2%～3%修建；(四)新建除一款规定以外的人民防空重点城市的居民住宅楼，按照地面首层建筑面积修建6B级防空地下室；(五)人民防空重点城市危房翻新住宅项目，按照翻新住宅地面首层建筑面积修建6B级防空地下室。”

“第四十八条按照规定应修建防空地下室的民用建筑，因地质、地形等原因不宜修建的，或者规定应建面积小于民用建筑地面首层建筑面积的，经人民防空主管部门批准，可以不修建，但必须按照应修建防空地下室面积所需造价缴纳易地建设费，由人民防空主管部门统一就近易地修建。”

5)提高贴线率。我国城市规划中“贴线率”概念是美国“街道墙(street wall)”概念中国化的产物，美国建筑师威廉·阿特金森(William Atkinson)首次提出街道墙概念，简要来说，街道墙即是指街道两旁如墙一样连续整齐的建筑界面，同时也指以连续整齐的形态对街道界面进行规划控制的方法。[21]

提高贴线率在城市规划的角度上实则是提高近人尺度的街道空间体验。在高贴线率条件下，街道空间的连续性得到保证、街道两侧的建筑物距

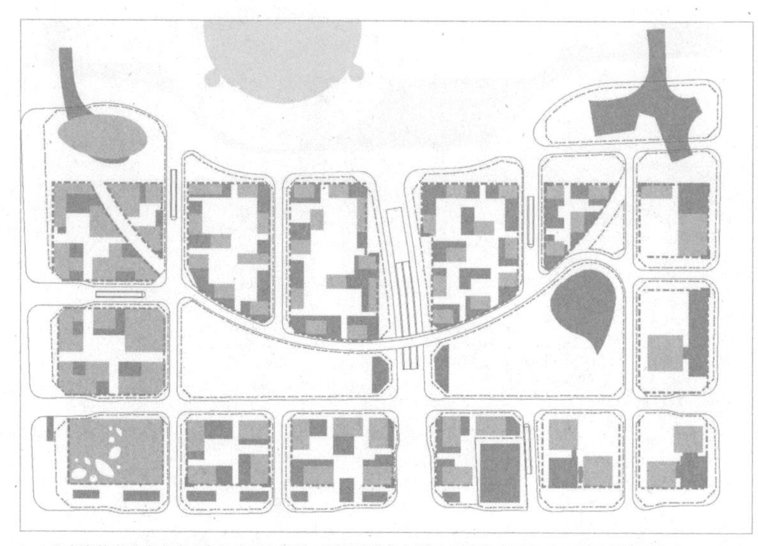

（a）北京奥体文化商务园（奥体南区）规划：利用街墙控制线和街角控制线两种手段控制建筑的边界，其中，在中低层和高层建筑的立面应遵守街角控制线，规定不超过总长度的 20% 的街墙立面可以做后退或其他处理；在有街角控制线的地方，要求高层建筑立面与控制线对齐。

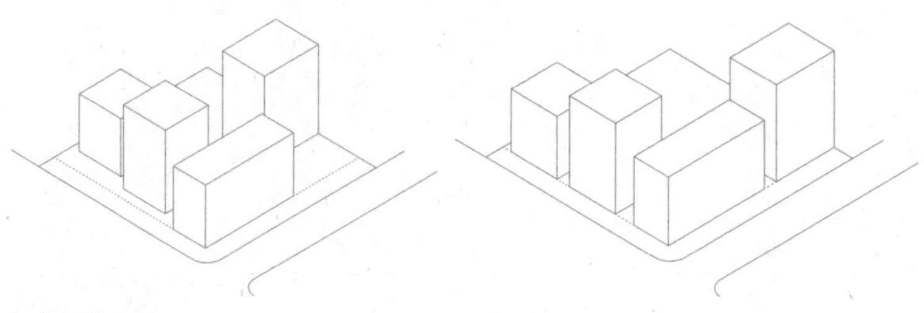

图 5-27　控制贴线率

（b）贴现率不高（×）

（c）贴现率高，形成连续街道立面（√）

离缩短，有利于城市步行系统的建立，通过过街连廊、骑楼等轻盈、灵活的建筑形式，提升街道空间品质。（图 5-27）

6）提高城市功能的混合度。功能混合是提升空间活力和多样性的重要因素，目前我国大多数城市规划均以功能分区为基础，致使城市土地使用和功能布局出现了机械性分割的情况，功能单一的大面积功能片区的出现会带来许多城市弊病，诸如城市道路交通拥堵，城市空间活力缺乏等。因此需要提高城市功能混合度，增进城市空间健康发展水平。例如

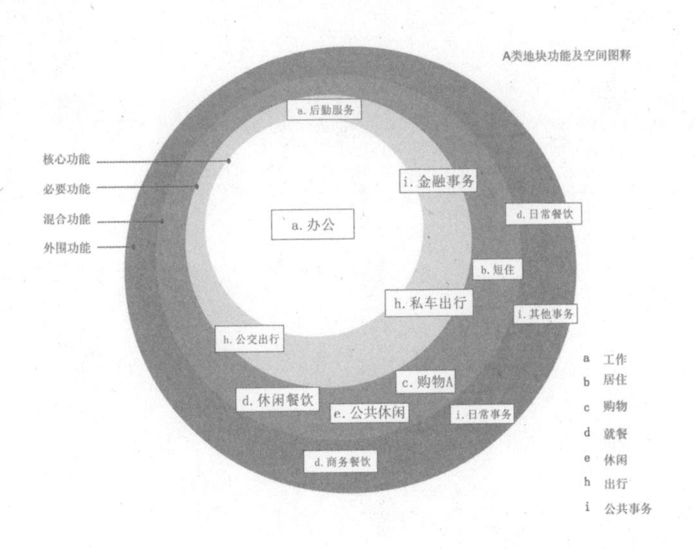

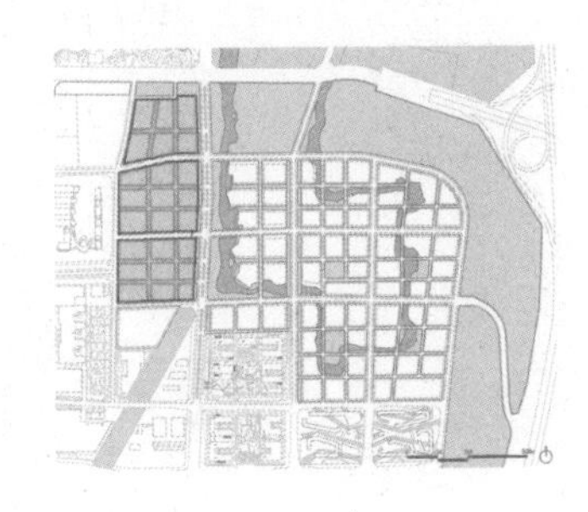

图 5-28　北京未来科技城项目中的空间功能混合

北京未来科技城项目中采用主要功能加其他功能混合的做法（图 5-28），英国在土地使用分类上就体现了功能混合的思想（表 5-3）。

北京未来科技城项目采取了主要功能与其他功能混合的做法，该项目对人的行为模式进行系统分析，在主要功能之外，按需求混合不同规模的其他功能。

英国土地使用分类规则[22]

表 5-3

类别	分类	一般许可开发允许的开发
A 类	A1：商店（包括零售、网吧、邮局、旅行社等 11 项）	不允许变更
	A2：金融和专业服务设施	沿街界面底层有橱窗展示的可转换为 A1
	A3：餐馆和咖啡馆	转为 A1 或 A2
	A4：饮品店	转为 A1、A2、A3
	A5：外卖热食店	转为 A1、A2、A3
B 类	B1：商务设施	可转为 B8（不超过 235m²）
	B2：一般工业	转为 B1 或 B8（不超过 235m²）
	B3-7：特殊工业	不允许变更
	B8：仓储 & 物流	可转为 B1（不超过 235m²）
C 类	C1：旅馆	不允许变更
	C2：有居住的机构（例如医院的病房、学校校舍）	不允许变更
	C3：住宅	不允许变更
D 类	D1：无居住设施的机构	不允许变更
	D2：集会和休闲	不允许变更
	其他	不允许变更

说明：在英国《城乡规划（用地类别）条例》中，将土地和建筑物按基本用途分为表中的 4 大类、16 小类，规定在某些类别范围内的变动不构成开发行为，不需要申请规划许可。

注释：

[1] 中国经济网．我国 23 个省份土地财政依赖度排名表 [Z/OL]．[2014-04-14]．http://district.ce.cn/newarea/roll/201404/14/t20140414_2655846.shtml

[2] Senatsverwaltung f. Stadtentwicklung: Urban Pioneers. Stadtentwicklumg durch Zwischennutzung[M]. Jovis Verlag，Berlin 2007．转引自：董楠楠．联邦德国城市复兴中的开放空间临时使用策略 [J]．国际城市规划，2011，(5)．

[3] 许爱萍．发达国家智慧城市建设的典型经验与启示 [J/OL]．石家庄经济学院学报，2017，(04)：68-72.

[4] 许爱萍．发达国家智慧城市建设的典型经验与启示 [J/OL]．石家庄经济学院学报，2017，(04)：68-72.

[5] 罗健中．北京三里屯之演化——三里屯 Village 实例分析 [J]．建筑学报，2009，(7)：87-90.

[6] 余婷．草原公园，在城市也能"自由飞翔"[J]．新城乡，2016，(2)：66-66.

[7] 土地一级开发主要是指在土地出让前对土地进行整理、投资开发的过程，包括征地、拆迁安置补偿、土地平整、市政基础设施和社会公共配套设施建设等，在规定期限内达到土地出让标准的土地开发行为。土地二级开发指的是土地使用者经过开发建设，将新建成的房地产进行出售和出租的行为。

[8] 在纽约，由私人提供的公共性空间叫做 Private Owned Public Space，简称 POPS。

[9] 纽约私有公共空间设计导则 [Z/OL]．http://www.nyc.gov/html/dcp/html/pops/plaza_standards.shtml#seating．转引自：郇雨．408 研究小组 | 纽约私有公共空间设计准则 [Z/OL]．环境设计研究．

[10] 德国老工业基地鲁尔区改造与振兴 [J]．经济研究参考，1992，(Z4)：873-878.

[11] 张晓军．鲁尔区复兴的地域景观特色营造 [J]．国际城市规划，2007，22(3)：69-71.

[12] 刘敏霞．地块尺度对于城市形态的影响 [J]．山西建筑，2009，35（1）：31-33.
[13] 陈一新．探究深圳 CBD 办公街坊城市设计首次实施的关键点 [J]．城市发展研究，2010，17（12）：84-89.
[14] 口袋公园的概念，最早是在 1963 年 5 月的纽约公园协会组织的展览会上提出的“为纽约服务的新公园”的提议，其原型是建立散布在高密度城市中心区的呈斑块状分布的小公园（Midtown Park），会上，风景园林师罗伯特·载恩（Robert Zion）展示了最初的口袋公园设计，“位于建筑物之间，面积只有 $232m^2 \times 929m^2$ 那么小，人们能坐在那里得到片刻的休息。”“作为一个纽约人，我一直确信，我们应该在建筑物中间特别留出一些露天场所，当我们的居民和游客在白天休息时，能够有地方坐下来并获得快乐”。（来源：张文英．口袋公园——躲避城市喧嚣的绿洲 [J]．中国园林，2007，（4）：47-53.）
[15] 张文英．口袋公园——躲避城市喧嚣的绿洲 [J]．中国园林，2007，（4）：47-53.
[16] 葛舒眉．浅析城市口袋公园建设的意义及规划设计 [J]．江西农业学报，2012，24（3）：18-22.
[17]［美］克莱尔·库珀·马库斯，卡洛琳·弗朗西斯著．俞孔坚，孙鹏等译．人性场所——城市开放空间设计导则（第二版）[M]．中国建筑工业出版社，2001：141-156.
[18] 资料及图片来源：孙苑鑫
[19] 陈超．小尺度街区模式研究 [D]．重庆大学，2015．30-33.
[20] 防空地下室防核武器抗力级别分为 4 级、4B 级、5 级、6 级和 6B 级．
[21] 周钰．街道界面形态规划控制之“贴线率”探讨 [J]．城市规划，2016，40(08)：25-29+35.
[22] http://www.opsi.gov.uk/si/si1987/Uksi_19870764_en_2.htm. Summary guide to use classes order and permitted changes of use，转引自：高捷．英国用地分类体系的构成特征及其启示 [J]．国际城市规划，2012，27（6）：20-25.

我不认为城市应该设计的平淡无奇。

……我们设计城市环境时应该考虑使用

它和受其影响的人。

——艾伦·B. 雅各布斯[1]

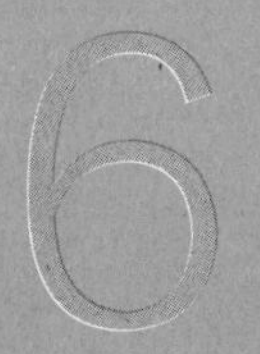

完善公共空间体系的设计策略

每一处优秀设计背后，都需要有对创造高品质城市空间及其承载的美好城市生活的深思熟虑。公共空间体系设计涉及很多方面，如体系内部的空间元素构成、设施配置、植物景观设计等。这些都已经有了专门且深入的研究成果可供借鉴。本章中的设计策略并不致力于包罗所有这些方面，而是选取空间界面博弈过程中的、以完善公共空间体系为目标的关键设计要点，包括不同开放程度的空间界面设计、公共空间体系连续性和开放性的设计等方面。在这三个主要方面，结合现实情况，借鉴国内外优秀案例，提出具体的设计策略。需要注意的是，不同策略的适用性不同，对于不同区位、尺度和类型的城市空间，应根据其现实条件选择合适的策略。

6.1 空间界面的设计策略

空间界面是感知空间存在和认识空间结构的要素，其形式极大地影响了人们的空间感受。公共空间体系内的空间界面，如无特殊情况，应当开放；私人空间与其他空间的空间界面鼓励开放，如果不开放，也应进行柔性化的设计。

6.1.1 开放的空间界面

位于公共空间与公共空间、公共空间与公共性私人空间以及公共性私人空间之间的空间界面，应当是开放的，采用促进行动、视线交流的设计形式。然而，现实中，为了便于管理，在公共空间体系内设置围墙的现象并不罕见。封闭的空间界面极易造成空间可达性差、活力不足的问题，导致空间衰败，安全问题丛生。以城市公园为例，根据2002年建设部发布的《城市绿地分类标准》，公园绿地是“向公众开放，以游憩为主要功能，兼具生态、美化、防灾等作用的绿地”[2]，但长期以来，城市公园被当作一块封闭的特殊用地，孤立于城市之中，为了便于管理，用围墙包围起来，与整个城市其他用地相互割裂，缺乏有效的连通，造成社会效应和生态效应低下的问题。[3]

做法一，拆除或不设围墙。在这一点上，美国曼哈顿Bryant公园的改造颇具借鉴意义，该公园通过增加出入口、移除围墙等措施，提升公园与城市之间空间界面的通透性、可达性，在保证公园管理范围明确的前提下，有效提升了空间活力。北京皇城根遗址公园则是不设围墙，公园以“东皇城根”遗址本身和两侧的道路的线状形态介入周边城市，通过精心设计遗址公园、与周边城市空间统筹规划，达到了公园融入城市空间的效果。

做法二，赋予空间界面使用功能。对于完全开放的空间界面，除了移除空间界面处障碍物来获得开放性以外，也可以在保障心理及视觉可达的

图 6-1　Bryant 公园

基础上，在空间界面处巧妙设置公共使用功能，不失为一种有效和有趣的做法。在这方面，OPEN Architecture 于 2009 年的城市双年展中做出了有益的尝试，将压缩成“极薄”状态的公共使用功能附着在空间界面上。

美国曼哈顿 Bryant 公园

20 世纪 80 年代之前，Bryant 公园因可达性差、管理不良、缺乏维护等原因，一度沦为吸毒者、妓女和流浪汉的天堂，1979 年，与公园毗邻的纽约公共图书馆出台更新计划，将 Bryant 公园纳入其中，经城市问题分析专家怀特分析，认为“根本问题在于缺乏使用……可达性是解决问题的关键”[4]，通过改变空间界面，有效增加了公园的可达性，具体的措施包括：增加出入口；移除空间界面处的铁篱和多年生草本、常绿灌木，改用高大乔木；同时抬高公园地平，与人行道形成 1m 高差，使公园与公园外的人行道视线相通，[5] 有效区分了公园与人行道的活动，既划定了公园的管理范围，也获得了开放性。（图 6-1）

北京皇城根遗址公园

皇城根遗址公园地处北京城市中心区域，以城墙本身和两侧的道路的线状形态介入周边城市，通过与遗址公园本身的设计和与周边城市空间的统筹规划，达到了公园空间融入城市空间效果，其背后的设计思路和策略值得借鉴。公园建于明清北京城第二重城垣之“东皇城根”遗址上，南起东长安街，北至平安大街，西邻北河沿大街，东至东皇城根北街、南街，公园全长约 2.8km，宽约 29m，总面积约 7.5hm^2。为了使北京古城的形象更加完整，设计中统一规划设计了遗址公园两侧街景，拆除违法建设，对中法大学、欧美同学会和一些好的四合院等进行重点规划建设，巧妙利用，使之融入公园的环境之中，形成与公园相协调的历史景观。公园以“绿色、人文”为主题，犹如一道历史的长廊把皇城根遗址、中法大学、欧美同学会、四合院、北大红楼等众多人文景观贯穿一线，通过塑造四季景观，复原小段城墙、展示皇城墙基、点缀雕塑小品及借景等手法巧妙利用了遗存城墙的历史价值，是迄今北京城内完全开放的最大的街头公园。[6] 公园与其两侧人行道的空间界面处理采取了完全开放或是高差处理的办法，这让使用者可以便捷地进入公园，同时公园内外在视线上不受阻隔。（图 6–2）

图 6–2　皇城根遗址公园墙基展示区鸟瞰及公园边界处理

红线公园

源于对人性化公共空间紧缺、封闭围墙等问题的深入思考，OPEN Architecture 设计了一个名为“红线公园”的装置（图 6–3），意图

图 6-3　红线公园

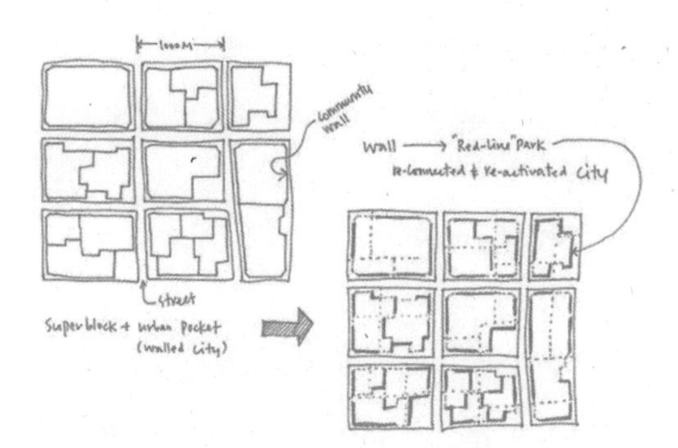

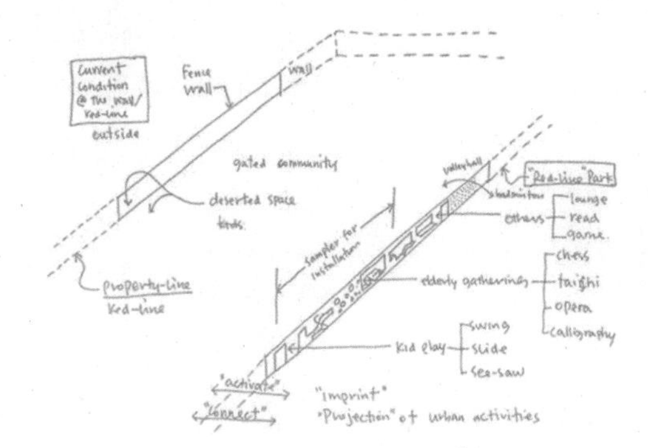

（a）设计概念

（b）实景

将红线上的围墙改造成线性的公园单元系统，[7] 赋予空间界面更强的“交流”使命，启发人们以开放的心态建造城市、创造城市生活。

6.1.2 柔性的空间界面

空间界面的柔化就是对那些必须设立封闭空间界面的地方，用一种温和的设计手法消减空间界面带来的隔阂感，适用于公共空间体系与私人空间之间的界面，其目的如扬·盖尔在《交往与空间》中论述“柔性边界”时所说，为人们提供更好的滞留和户外活动条件，[8] 创造宜人的环境感受，让封闭的空间界面也能创造城市生活的交流沟通。这一类设计手法丰富多样，不拘泥于一定之规，在此简要列举几种推荐的做法。

1）有文化内涵的空间界面：在空间界面设计中融入文化元素，例如成都宽窄巷子中井巷子的文化墙，通过墙上雕塑展现成都的历史、文化及民俗（图 6-4）。

2）半通透的空间界面：以镂空的形式，创造空间界面两侧视觉交流的条件，例如在北京前门东区项目中，通过金属窗格修补原有砖墙，形成镂空的空间界面（图 6-5）。

3）空间界面延续公共空间体系的颜色：将公共性空间的颜色延续到封闭的空间界面上，消解界面封闭带来的压抑感受，产生连续的空间与视觉体验。例如丹麦哥本哈根超级线性公园中的红色公园（图 6-6），将空间界面处的建筑外墙粉刷成了与广场一致的颜色。

4）墙面立体花池：在空间界面处增加绿植及景观设计，可以使空间界面提供更加丰富和自然的感受，使人行尺度空间更加宜人。例如，北京王府井街道整治项目中，在口袋公园围合上设置绿化（图 6-7），增加自然元素，营造丰富的空间感受。

图 6-4　成都宽窄巷子中井巷子内的文化墙

说明："井巷子 28 中学的围墙，借鉴了'文化再现'的做法，请成都著名的雕塑家朱成做了一面文化墙，把成都 2000 多年历史沿革通过 300 多米长的墙再现出来。……老成都历史、文化、民俗浓缩于此。……在文化墙上可以看到昔日老成都的生活景象"。[9]

5）墙面文化馆：将空间界面设计成具有展示功能的空间。例如，2017 上海城事设计节上，建筑师相南设计的墙馆，将上海故事以老照片的形式内嵌在墙面上，提供一种创新的体验方式。

图 6-5　北京前门东区项目中的镂空墙面

图 6-6　丹麦哥本哈根超级线性公园中的红色广场

(a) 改造之前

(b) 改造之后

图 6-7　王府井口袋公园改造前后对比

上海墙馆

墙馆位于上海愚园路中段，因挂在了一堵围墙上而得名。它是一个宽 5.5m，高 2m 的大盒子，上面有一道 3cm 的细缝。（图 6-8）愚园路是上海 50 条永不拓宽的道路之一，其边界已经固定。建筑师相南以此进行设计。墙馆底部仅仅突出墙面约 10cm，而墙馆唯一的“入口”：一条细缝，约 4m 长，3cm 宽。人的视觉可以完全进入到这个腔体内。趴在一个洞眼然后往里看，里面是一个全新的世界。在短暂的时间里，观者通过视线进入获得沉浸式的体验。为了呈现最佳的阅读模式，内部配备了博物馆级别的照明，保证无论什么时候观看，都能清晰还原没有色差。当天色渐暗，墙上的隙缝熠熠生辉。人的好奇心和对光天然的敏感，驱动着人们去一探究竟。

（a）改造之前

（b）改造之后

图 6-8 “墙馆”改造前后对比

6.2 公共空间体系连续性的设计策略

连续性是公共空间体系的重要属性之一，可以保证使用者便捷流畅地到达并使用公共空间体系中的各个部分，激发整个公共空间活力，又可有机整合城市的各项功能与活动，很多衰落的城市和区域借此得以复兴。连续性包括两个重要的维度——空间连续性和认知连续性，从这两个维度入手有诸多策略可用于指导实践：借助交通线路、蓝绿景观等线性要素连接公共空间体系，获得水平方向的空间连续性；利用地上、地面和地下等不同水平高度上的人行通道，保障公共空间体系在三维空间中也是贯通的；统一标识系统以获得认知的连续性。这些策略可单一使用，也可组合使用。

6.2.1 以交通线路连接

交通系统是城市的骨架，串联起了城市的各种功能，以交通线路为线索，有助于实现公共空间的连续性效果。对于以人行为主的公共空间体系，很多时候交通线路被认为有消极的影响，割裂城市功能[10]，阻碍公共空间体系的完整性。然而，如果处理得好，交通线路也可以串联多样化的城市空间，聚集人气，活化城市生活，对公共空间体系的建立发挥积极的作用。奥姆斯特德主导规划设计的美国波士顿公园体系，通过线性公园路串联点状公园的模式，形成完整的公园系统，引导城市发展的结构，改变了城市原有格局。美国的亚特兰大环线（Atlanta beltline）项目，将一条连接市区 45 个街区的废弃铁路线，改造为 22mile（约 35.4km）长的运输线以及 33mile（约 53.1km）长的游径，其中包括 1300ac（约 536.1hm^2）的公园和绿地，该项目既是一个承载了公共艺术、经济发展、经济适用房、历史保护和提升居民健康的完整系统，[11] 也是改善生活、生态、健康状况的公共空间体系。北京规划将京张铁路的一段建成绿色景观走廊，全长 6km，串联起沿途区域的公共空间，构建连续的慢性系统，也缝合了原本被铁路割裂的两侧城市空间。

波士顿公园体系

19 世纪下半叶，波士顿兴起的大规模城建，伴随着城市空间结构不合理、环境恶化、城市交通混乱等问题。在此背景下，波士顿公园体系于 1878～1895 年开始建设并完成。公园主要分成波士顿公地（Boston Common）、公共花园（Public Garden）、查尔斯河滨公园（Charles bank Park）、联邦大道（Commonwealth Avenue）、后湾沼泽（Back Bay Fens）、牙买加公园（Jamaica Park）、浑河公园（Muddy River）、富兰克林公园（Franklin Park）和阿诺德植物园（Arnold Arboretum）9 个部分，全长 16km，又被称为“翡翠项链”。[12]

整个公园体系通过公园路将大量的公园和绿地有序统一在一起，连通多个点状公园，形成一个完整的公园系统。由于项目大部分地块位于郊区和乡村地带，考虑到了公园系统对于城市发展的引导作用，奥姆斯特德将公园路作为城市的主干道，形成连接城市和乡村的纽带。公园系统成为城市发展的绿色构架，新的城市开放空间建设围绕公园系统所形成的绿色空间展开，公园路发展成为城市干道、人行道、步行街等；绿色廊道连接了城市和待发展区域，构建一个引导城市发展的复合结构，城市沿着公园系统形成的绿色脉络生长。[13] 它不仅具有景观、游憩以及生态功能，也引导城市发展的结构，改变了波士顿的原有格局。

美国亚特兰大环线

亚特兰大是美国乔治亚州的首府，从 20 世纪 60 年代开始，汽车在这里被大规模使用并成为唯一的交通工具，分散的居住方式和对汽车的严重依赖，导致城市中心区衰败、低密度、缺乏活力。设计师 Ryan 长期关注这一问题，并提出了亚特兰大环线构想，设想把城市的废弃铁

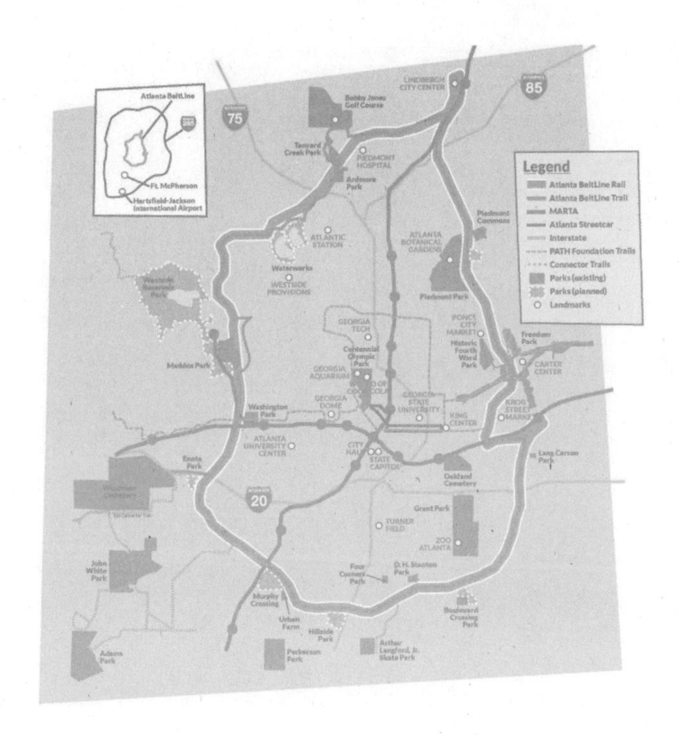

图 6–9　亚特兰大环线总平面图

路连成一个约 22mile 长的环线（图 6–9），把旧铁轨变成现代的轨道交通环线，利用旧铁轨和废弃的工业用地，建造现代的轨道交通和多样的城市空间，提升亚特兰大居民的生活品质。现在该项目已经成为美国最大的城市更新项目之一，预计 2030 年完成，该项目也如设计者最初设想的那样，正在逐渐改变亚特兰大人的生活方式（图 6–10）。

京张铁路绿色景观走廊

京张铁路是我国高铁网的重要组成部分，作为 2020 年冬奥会的重要交通配套设施，新京张铁路已开始建设。其中，在北京的学院路南至北五环段的 6km 采用了地下隧道的方式。其上将建设多功能景观长廊，即京张铁路绿色景观走廊。这条正在建设中的多功能景观长廊利用高铁隧道“让出”的地面空间，构建了该区域一条重要的连续慢行系统。它将缝合原本被地面铁路割裂的两侧城市空间，改善处于高校大院集中区域的城市交通微循环系统，串联起整个区域的公共空间系统。通过对“走廊”内部和周边的设计，为公众提供兼具绿色生态与工业文化特色的公共活动场所。

6.2.2　以蓝绿景观连接

利用线性的绿道和河道连接公共空间体系。在查理斯·利特尔（Charles Little）经典著作《美国的绿道》（Greenways for American）中提出绿道就是沿着诸如河滨、溪谷、山脊线等自然走廊，或是沿着诸如用

图 6-10　亚特兰大环线上的公共活动

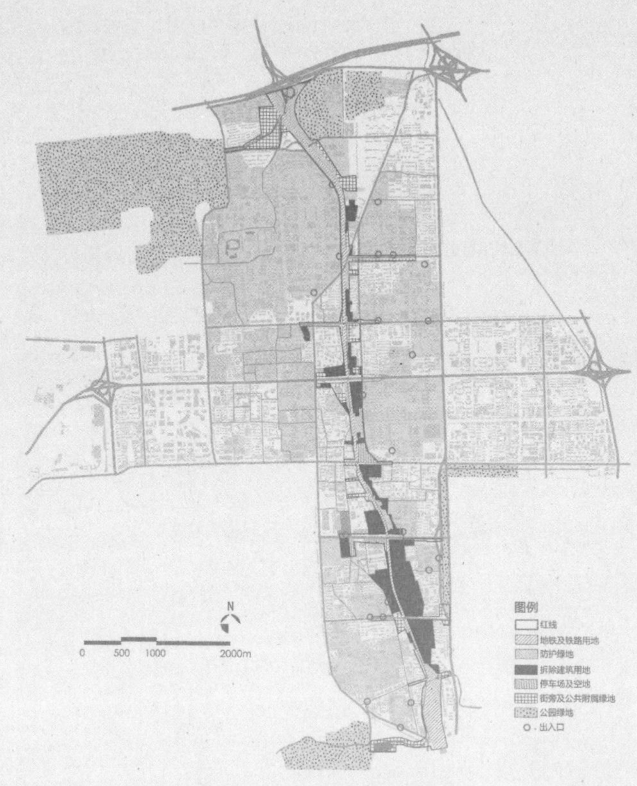

（a）留白增绿计划分析图

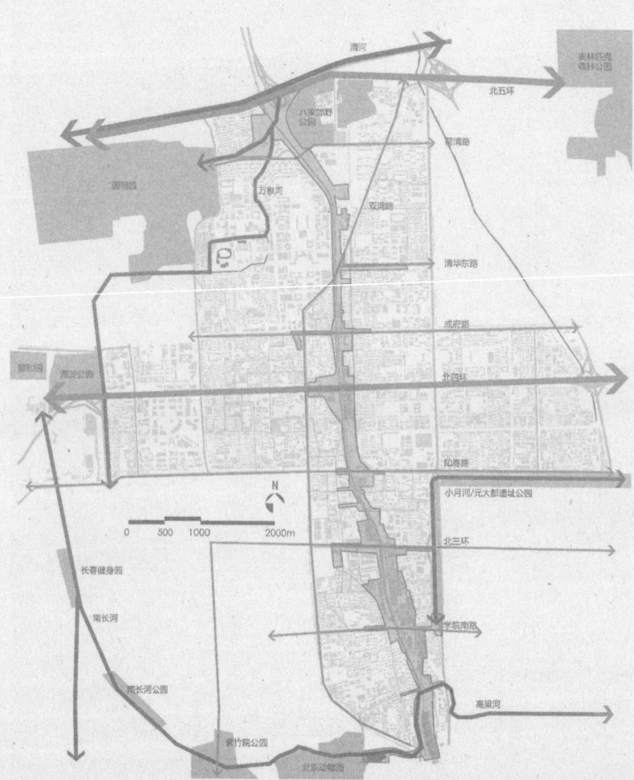

（b）慢行绿道网格构建分析图

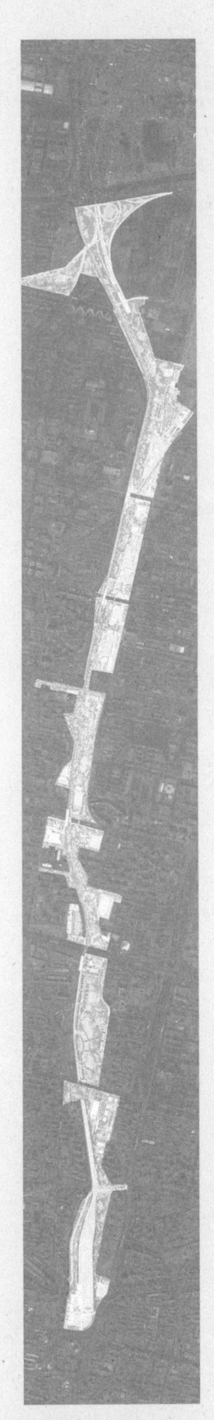

(c) 绿廊总平面

(d) 五环桥区铁路郊野公园效果图

(e) 清华东路高校邻里公园效果园

(f) 清华园火车站铁路文化公园效果图

图 6-11　京张铁路绿色景观走廊

作游憩活动的废弃铁路线、沟渠、风景道路等人工走廊所建立的线型开敞空间，包括所有可供行人和骑车者进入的自然景观线路和人工景观线路。它是公园、自然保护地、名胜区、历史古迹，以及其他高密度聚居区之间进行连接的开敞空间纽带。[14] 国内相关学者也提出，绿道能够将绿色开敞空间与城市、区域的功能与形态布局、景观游览休憩、历史文化传统、生态保育等进行有机整合，为人居环境可持续发展构建空间框架[15]。由此可见，绿道作为公共空间体系的骨架，可以起到串联周围区域的公共性空间节点，提供丰富的活动空间的重要作用。设计中应加强绿道对周边公共性空间的串联作用，如：有机整合水域与陆域、公共空间与道路空间；在与道路交叉时，尽量保持绿道与人行通道的连续性，如抬高机动车道，使其与人行通道处于不同标高，互不影响等。国内外有很多优秀项目借绿道构建公共空间体系，成功激活了区域发展，对城市起到了积极的作用。例如，美国芝加哥市的芝加哥河（图 6-13），在河道复兴中，着力为市民提供连续的公共空间，带动了区域的可持续发展；北京前门东区三里河绿化带，通过一条与周边胡同肌理相融合的绿带，为老城提供充满活力的公共空间；秦皇岛的汤河公园（图 6-16），将废弃的河道整理成为兼具生态与市民游憩功能的绿道。

芝加哥河复兴

在前工业时代，密西根湖畔和芝加哥河沿线布满了工厂、仓库、码头和承载水陆转换功能的铁路。但工业的发展使得城市环境日益恶化，此后工业衰退，开始漫长的复兴。芝加哥河在复兴过程中经历了三个阶段的变化。1）定位阶段：通过芝加哥城市的整体规划在 1909 年对芝加哥河的未来发展进行了明确定位——城市生活娱乐廊道。2）实践阶段：1972 年出台洁水法案、1990 年颁布设计导则、1999 年制定芝加哥河道发展规划，都从制度与操作层面推进芝

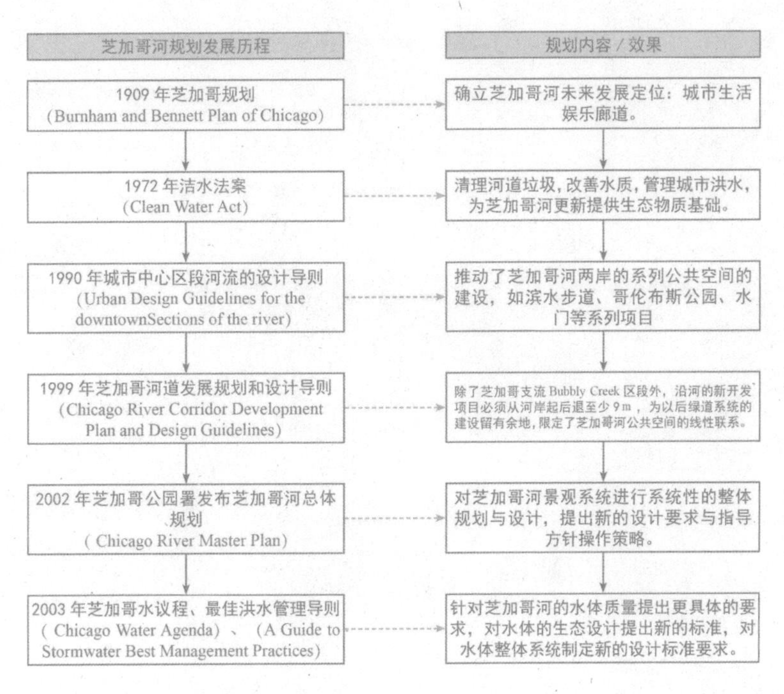

图 6-12　芝加哥河规划历程

加哥河的治理与复兴。其中，通过洁水法案治理芝加哥河的水质问题，恢复芝加哥河的生态环境，给芝加哥河公共空间的后期建设与改善提供了环境与物质层面的基础。3）社区营造阶段：通过不同阶段的规划制定与实践操作将芝加哥河的发展变化更好地传达给社会大众，让社会建立起生态环保的价值观，形成芝加哥河复兴的统一理念，这样在操作过程中形成强大的社会基础，在经济基础逐渐完善的过程中达到理念的贯彻，最终才可以实现区域的可持续发展。（图 6-12）

规划中着意保障连续性，建设沿河公园及步行道系统，为散步者、远足者和自行车爱好者、居民提供连续的活动场所，其中有很多可借鉴的措施：1）制定了相关的城市设计导则，如建筑界面后退为公共空间的营

图 6-13　芝加哥河概况及公共空间体系情况

造留出空间；2）由政府出面与私人业主进行沟通，通过合作方式保证公共空间的连续性；3）至少在河流一侧建立连续的步道系统，如现有桥梁分割步道，步道可从桥下穿过，如果滨水没有足够空间设计步道时，可建设水边悬挑的栈道或者水上浮桥等，确保步道连续。（图 6-13）

北京前门东区三里河绿化带

前门东区三里河绿化带项目位于古三里河的位置上，通过营造绿化景观，恢复文化记忆，形成绿色生态休闲区，为公众提供区域休憩生活的开敞空间和绿色景观（图 6-14、图 6-15）。项目通过恢复古三里河河道肌理，调整房屋布局与景观形成互动，强调景观的自然性，突出胡同街区、院落建筑与自然环境相互渗透与融合。

秦皇岛汤河公园

秦皇岛汤河公园位于秦皇岛市的城乡结合部，原场地长期缺乏管理，有安全隐患，内有可达性极差的城郊荒地和垃圾场，残破的建筑和构筑物，包括一些堆料场地和厂房、水塔、提灌泵房、防洪堤坝、提灌渠等（图 6-16）。项目定位为城市游憩地和生态绿廊，以满足越来越多居民对游憩场地的需求。旨在最大限度的保留河流廊道的自然形态的同时，通过最小的干预创造独特而美妙的景观。因此，设计了一条绵延500多米的红色飘带，整合了多种公共功能，包括座椅、照明设施、植物标本展示廊、科普展示廊、凉亭、小动物穿行通道等，创造出多种空间和视觉感受（图6-16）。

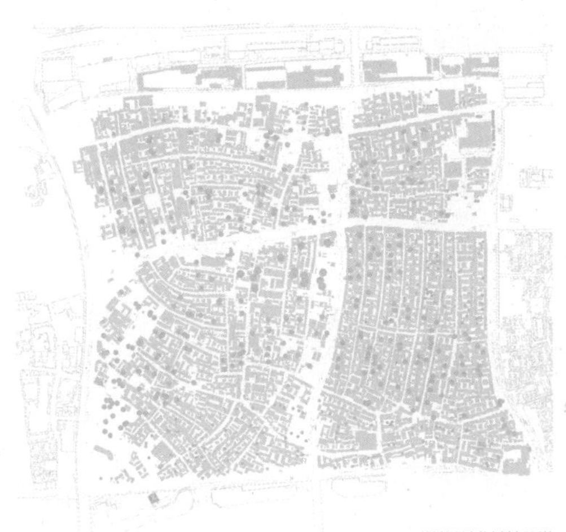

（a）现状图

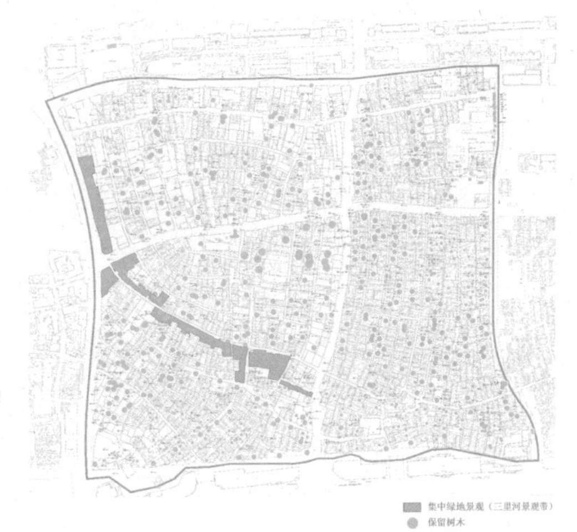

（b）规划图

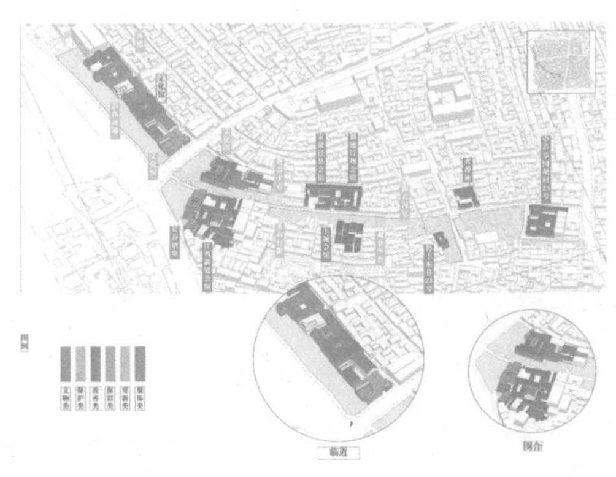

（c）功能分布

（d）效果图

图6-14　前门东区三里河绿化带

图 6-15 前门东区三里河绿化带实景

6.2.3 以历史人文连接

中国城市的营建历史悠久，很多现代城市都拥有丰厚的历史文化遗存，它们是城市的记忆，需要被全体公众所珍视铭记。城市公共空间因其显著的公共性，可以很好地展示和利用这些历史文化遗存。同时，历史文化遗存要素因其自身形态的特点，也往往可以作为串联公共空间体系的线索之一。目前，将古城遗存的城墙或护城河作为空间组织线索的做法较为成熟和普遍，例如西安环城公园、济南环城公园、成都府南河环城公园等。然而，以城墙和护城河等线性历史文化遗迹串联起来的公共空间体系，可能造成新、老城市的割裂。对此，在笔者主持的西安城墙景区综合保护的概念规划中，研究并提出了一种可能的解决方案。该概念规划是在已有的城墙、护城河、环城公园基础上，提出的涉及建筑、景观、交通、规划的综合解决方案。通过这种综合性设计，一方面实现了更好地利用城墙和护城河构建公共空间体系的目标，另一方面也创造性地提出一种空间组织方式，即建立具有西安特色的环城公共交通系统和基于公交站点并全面覆盖城墙内外的步行交通系统，解决了城市空间割裂的问题，实现公共空间体系与城市的有机融合。

（a）改造前场地环境

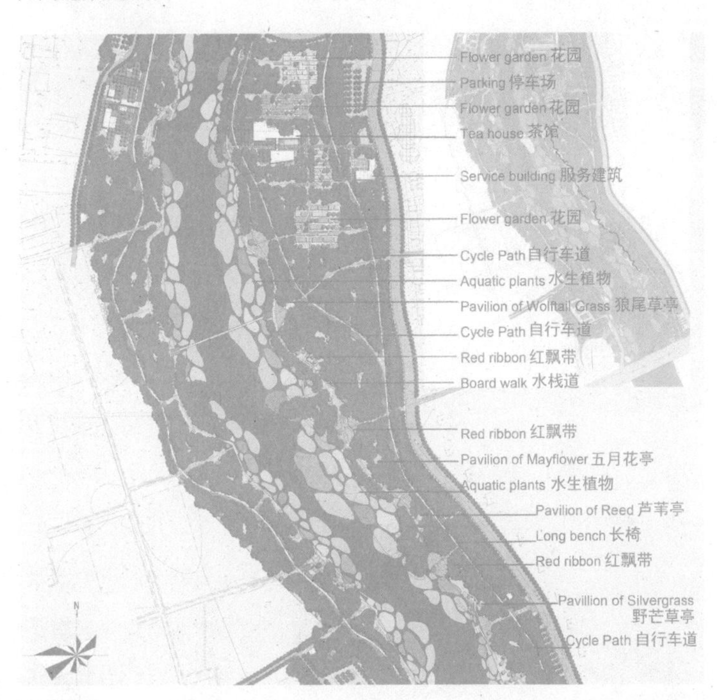

（b）总平面

（c）实景

图 6-16　秦皇岛汤河公园

西安环城公园

明洪武七年到十一年（1374~1378 年）建于唐长安皇城基础上的西安城墙，至今已有 600 余年；作为庞大的古代军事防御体系，也是国内现存最完整的古城堡建筑。1983 年 4 月西安开始在城墙及其沿线建设环城公园。[16] 公园采用传统园林的手法进行建设。形成东南西北四段景观，环东地段河沟狭窄，河床地势较低，东南角布置山石；环西、环北段以乔木和花果树为主；环南重点表现南北中轴线景观，同时在南口外修建绿化休闲广场和小游园。之后的20 年间，环城公园先后修建了牡丹园、山楂园、樱花园、松园、吉备园、含光阁、吊桥、南口月城等景点，其护城河园林绿地宽度达到 200~300 m，园林多采用古风旧制，是陕西独有的公园景观。（图 6-17）

图 6-17　西安环城公园 - 卫星图

济南环城公园

济南是有名的泉城，济南环城公园为了突出这一优势和特点，将趵突泉、珍珠泉、黑虎泉、五龙泉四大泉群辟为公园，并通过沿着护城河的环城绿带串联起的趵突泉群、黑虎泉群、五龙潭泉群和大明湖，形成以湖泉山水为特色的滨河环城公园系统。公园体系延护城河伸展，全长约为 6.9km，总面积约 $1.3km^2$。（图 6-18）

图 6-18　济南环城公园 - 卫星图

成都府南河环城公园

图 6-19 成都府南河环城公园 – 卫星图

南河是岷江干流上分流出来的一条支流，绕成都西、南，向东流去。府河则是汉以后，在都江框市崇义镇从检江分流出来的一条支流，绕成都北口，然后东下与南河汇合，合为府南河，是古成都的护城河。成都于 1993 年开始组织实施了大规模的府南河综合整治工程，经过四年的整治，在其基础上，建成富有蜀历史文化的府南河游赏景区。景区由活水公园、合江亭、永陵、思蜀园、雅文化园等 24 个景点组成。府南河环城公园通过府南河将诸多滨河绿地串联起来，形成独具成都地域特色的滨河景观链，滨河绿带总长约 16km，面积达 $23.53km^2$。（图 6–19）

西安城墙景区综合保护概念规划

基于对西安城墙从古至今发展历程的分析，设计中试图对其历史价值和存在的“城墙内外割裂”的问题做出回应，提出了涉及建筑、规划、景观和交通等多个方面的综合解决方案。

西安城墙是重要的历史遗存，应当被精心保护和利用，但其空间系统中存在的问题和在当下对城市发展的一些限制也应被正视。从其自身的空间系统来看：城墙和护城河仅作为西安环城公园环形空间形态的成因，其作为公共活动发生的场所的可能性还未被充分考虑，对城墙的历史内涵还缺乏系统性地发掘和设计。环城公园特殊的线性空间使得功能比较单一，设施分散，缺乏整体设计和特色挖掘，导致对非目的性人群、也包括外来游客的吸引力不够。同时护城河周边可以作为城市难得的充满活力的滨水空间，而这一点在现存的环城公园中并未实现；从其在当下对城市发展的作用来看：起初，城墙内外自成一体，分别作为内城和郊区体现着城市不同的职能。而随着西安的不断发展，相对于城墙外部区域发展的灵活性，城市中心的老城已经被城墙屏蔽于大环境之外。由于城墙带两侧缺乏交通上的联系，城墙、环城林带以及环城路在空间上的隔断，整个城墙带处于一种封闭、半封闭的状态。由环城公路圈、环城公园圈、护城河圈、城墙圈和顺城巷圈构成的“五圈”结构，使人的活动被限制在有限的范围内。（图 6-20）

对比，笔者提出解决方案，贯通“五圈”，实现利用古城遗存，完善老城交通，沟通城墙内外，打造滨水空间，激活城市活力的目标。一方面，通过在垂直于城墙的方向上进行空间组织，将城墙、护城河、顺城巷等历史要素在空间上串联起来，再经过整体设计，实现对其历史价值的系统地发掘利用。同时，通过缓和堤岸坡度、优化景观和掩埋管渠等手段优化堤岸空间，使其成为兼具历史特色和自然元素的公共空间。（图 6-21）在保护的基础上，实现对古城墙及历史环境的充分利用；另一方面，在环西安城墙设置浅层轻轨，与规划的四条入城地铁和现状环城公交系统形成环城公共交通体系，通过该区域现代交通体系的重构和优化，建立具有西安特色的环城公共交通系统和基于公交站点并全面覆盖城墙内外的步行交通系统。（图 6-22）该方案不仅为西安城墙景区的综合保护提供了极大的可能性，也将为西安城市的发展创造新的活力。

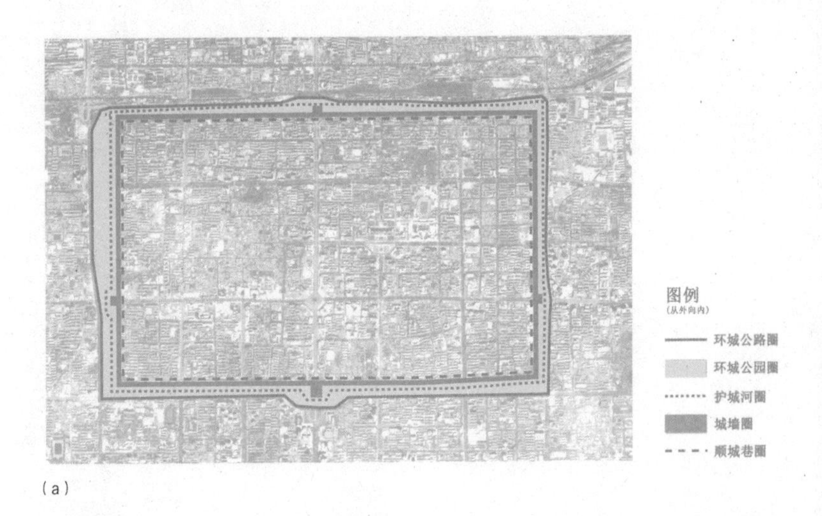

(a)

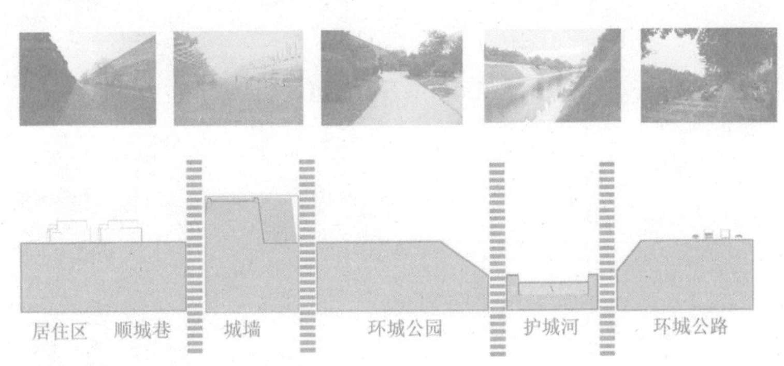

(b)城内外空间割裂分析

图6-20 "五圈"结构及城内外空间割裂

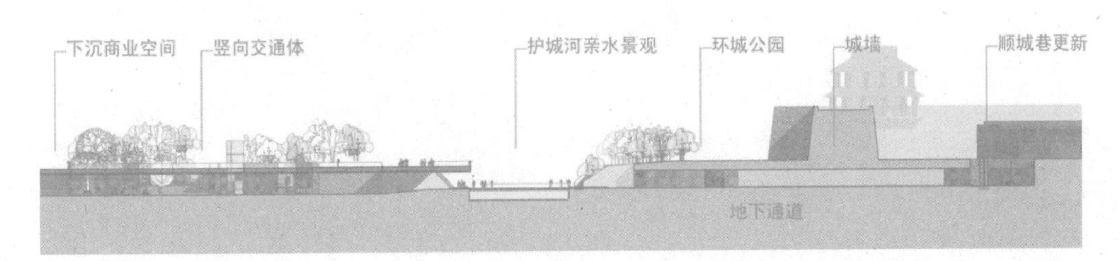

图6-21 连通城墙内外空间，构建滨水空间

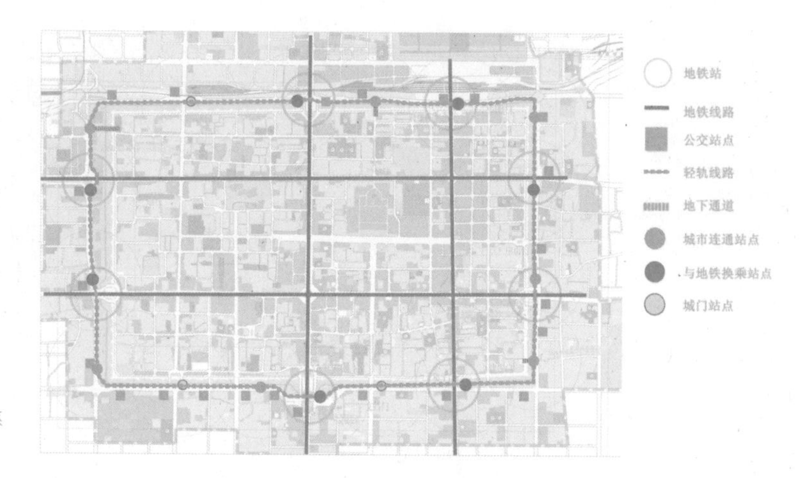

图 6-22 构建公共交通系统和步行系统

6.2.4 以人行通道系统连接

人行通道系统由地面层以上的人行过街天桥、地面层的人行通道及地面层以下的地下过街通道组成（图 6-23），可有效解决高强度开发区域公共空间体系的连接问题，支撑不同高度空间的延续性。高强度开发区域的突出特点是交通复杂，机动车道割裂公共空间体系的连续性，且由于已被高度开发，很难挤出更多地面空间来解决空间割裂问题。伴随着地下空间开发力度的增大及技术的发展，将人行空间升高或降低，通过建立人行过街天桥系统、地下过街通道系统来解决公共空间体系割裂的问题，已成为行之有效的手段。例如美国西雅图奥林匹克雕塑公园（图 6-24），人行通道跨越铁道、高速公路直达海湾，创造了城市和海湾之间充满活力的连接；荷兰鹿特丹 Luchtsingel 人行天桥（图 6-25），完全架空的人行通道，连接起城市主要区域以及公园等公共空间。

美国西雅图奥林匹克雕塑公园

西雅图奥林匹克雕塑公园，位于西雅图最后一块未开发的滨水地带——一块被铁道和公路割裂的工业棕地。奥林匹克雕塑公园设计用连续的“Z”字形的“绿色平台”连接起了被割裂开来的三个地块（图 6–24），标高自城市到水滨降低了约 13m，把城市核心地带和水滨重新联系起来，使之成了西雅图天际线和艾略特湾的重要景观。

利用从城市一侧到水滨之间 13 余米的落差，在穿越用地的高速公路和铁道之上，用机械压实的土层重建了原初的地形地貌，从而营造出城市与海湾之间连续的景观，并且提供了一个新的步行空间。在既有的场地和基础条件之上，这一设计创造出了城市和海湾之间充满活力的连接。[17]（图 6–24）

荷兰鹿特丹 Luchtsingel 人行天桥

Luchtsingel 人行天桥的正式通行，使得经过数十年的分离之后，鹿特丹市中心的 3 个区域终于借助于这座长达 400m 的人行天桥再次连接到一起。该大桥与多个崭新的公共空间相连，包括 Delftsehof、Dakakker、Pompenburg 公园，以及 Hofplein 车站的屋顶公园，最终实现一种三维城市景观。Luchtsingel 作为核心元素将这些各式各样新的公共空间整合起来，使鹿特丹中心地带变得更加绿色和宜居。

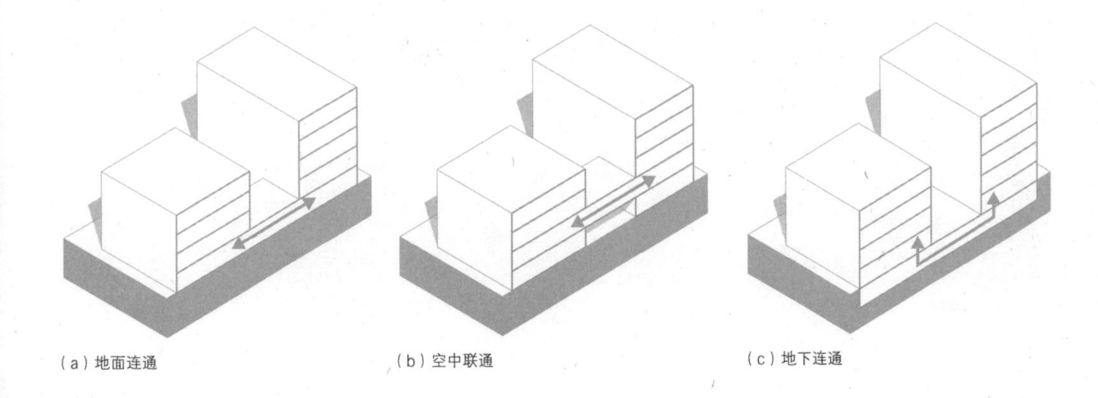

图 6–23　城市空间连通的三种方式

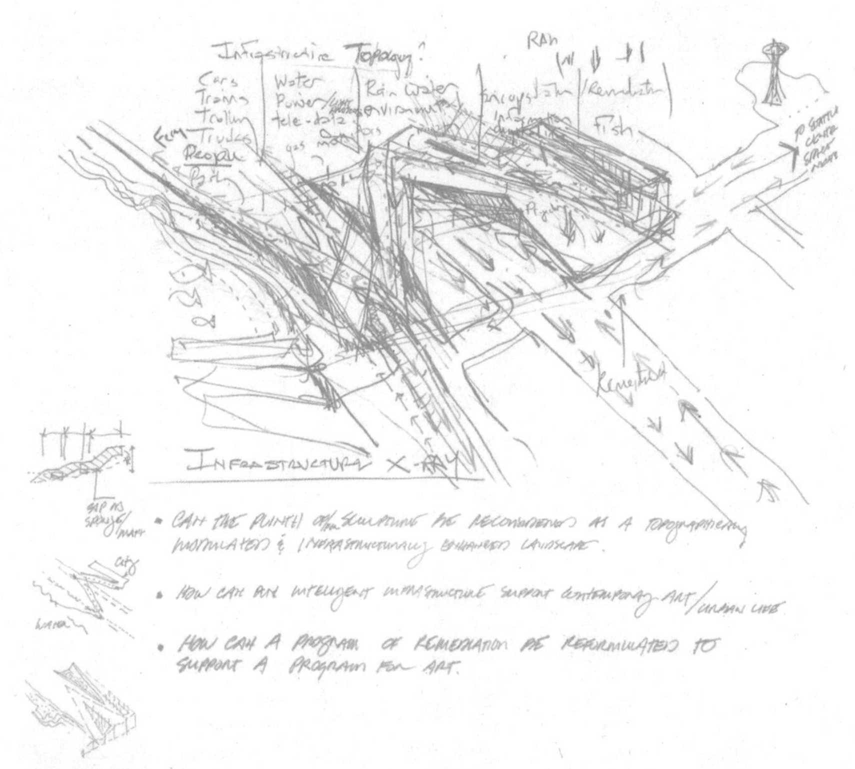

（a）设计构思草图

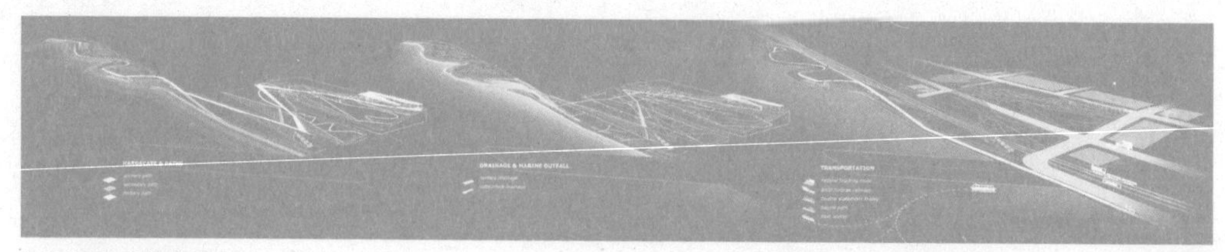

（b）交通与道路分析图

（c）实景：公园鸟瞰，步行道跨越铁道

图 6-24　西雅图奥林匹克雕塑公园

图 6–25　鹿特丹 Luchtsingel
城市人行天桥

6.2.5 以统一的标识系统连接

营造城市公共空间时，一些非空间因素也十分关键。一套良好的标识系统可以发挥不逊于空间流线的引导功用。相比于建筑实体，因其实现成本较低，有时可以达到事半功倍的效果。公共空间体系内的标识，需简洁明晰、设计精良，能够在最短的时间内让公众获得所需要的信息，避免出现含混、冗余内容，产生消极的作用。借鉴王建国院士的观点[18]及辛辛那提制定的标识城市设计导则[19]，公共空间系统内的标识设计要点有：1）包含直接与间接信息两部分，直接信息是对地点、方向、安全、设施等的直接说明，包括空间引导、距离指示、方向指引、危险警示、设施方位、使用规则等内容；间接信息是标识所反映出来的特征和引申意向；2）与环境协调；3）标识的放置地点、材料等，要确保可视性；4）通过文字的字体、大小、间隔等，确保可读性；5）固定元素与灵活元素相结合，既保证系统性，又避免呆板无趣；6）注重“无障碍”设计，如在标识上刻点字，帮助盲人识别信息。例如在北京绿道规划中，编制了《北京绿道规划设计技术导则》来规范绿道内的标识系统。

北京绿道的标识系统[20]

根据《北京绿道规划设计技术导则》，绿道标识系统包括立体标识和地面标识两部分。以统一、易识别为特点，全市绿道采用统一的标识体系和形式母版，标志牌的材质可根据绿道类型和所处区域，因地制宜调整。

1）立体标识包括：空间引导标识、文字标识、距离指示标识、导向指示标识、警示禁止标识以及服务设施命名标识等六种类型。（表6-1）

北京绿道标识系统中立体标识类型及其主要功能　　表 6–1

标识类型	主要功能
空间引导标识	引导及说明区域情况，应包括标注平面图、绿道线路、服务设施位置、重要景点分布、交通接驳点位置、管理说明、区界位置等
文字标识	详细介绍绿道沿线自然景观、人文景观以及管理规定等信息
距离指示标识	指示到道路、设施、景点等目的地的距离
导向指示标识	导引目的地方向，明确标明道路、设施、景点等目的地的方向
警示禁止标识	信息提示，是警示、禁止、设施信息等的标识载体，适用于近距离的信息提示。其中起警示作用的提示牌需要在危险路段前 80～100m 处设置
服务设施命名标识	标明各类服务设施场所，须使用相应的图形信息符号。服务设施包括：游客服务中心、驿站、单独设立的公共卫生间、停车场、自行车租赁处、交通换乘点、电话亭等场所

图 6–26　北京绿道标识

2）地面标识包括：慢行道路标识线、北京绿道 logo、骑行标识以及方向指示。标识形式统一，均为白色。（图 6–26）

北京前门东区西打磨厂街标识系统

胡同是北京历史街区中最重要的公共空间，在西打磨厂街胡同空间中进行统一标识系统设计，标识系统分为五个主要部分：红色为街名、胡同名，蓝色为街道地图，橘色为集合院介绍，深蓝色为公共

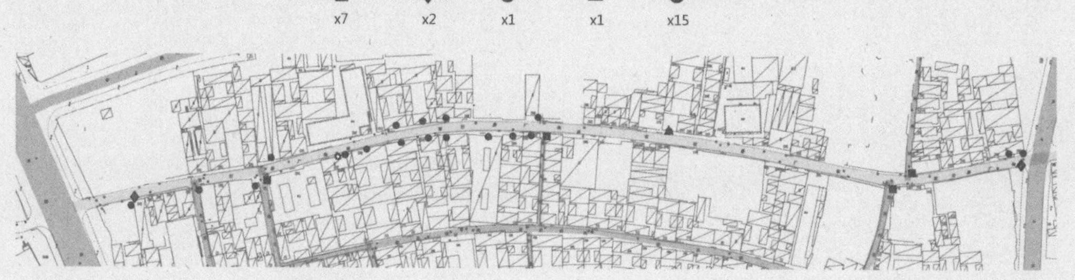

（a）导视系统及其分布

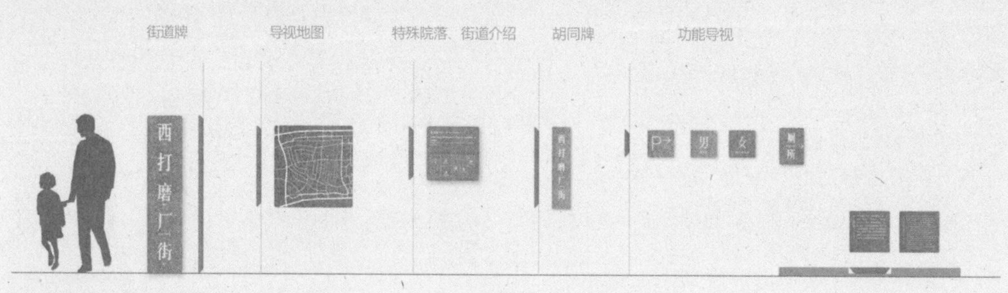

（b）导视系统功能层次

→

沿用北京传统门牌字形作为基础字体框架　（c）字体系统研究

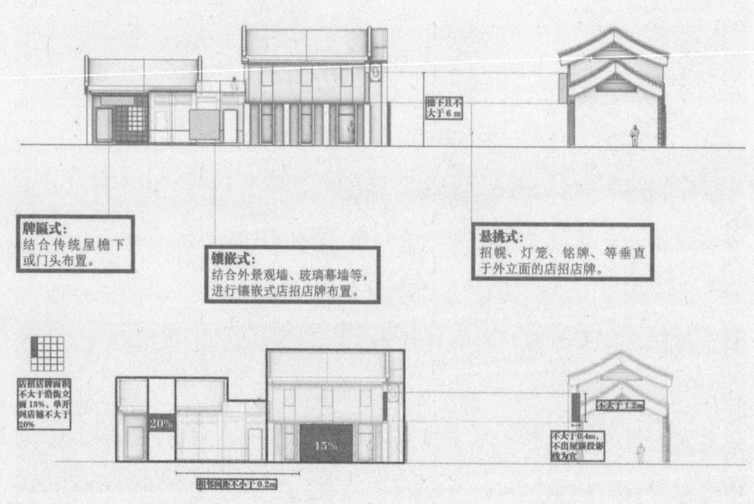

（d）店招标识

图 6-27　西打磨厂街标识系统设计

功能，绿色为院落故事（图 6-27）。这几部分内容通过统一的字体设计、材料选择等手段，对街区进行统一标识及引导（图 6-27）。其中，字体设计沿用北京传统门牌字形作为基础字体框架，加入圆点为单位的细节设计，让新文字既传统又现代；在材料选择方面，选择水磨石加透明立体字嵌入，提取北京传统建筑颜色，带有历史的厚度，又有手工感，延续并创新传统，隐喻老胡同新生活的传统文化复兴。

6.3 公共空间体系开放性的设计策略

开放性的设计策略，目的是从理念到形式都能够建立起公、私空间的“对话”途径，鼓励更多空间融入到公共空间体系中，增强空间活力。开放是双向的，既有公共空间向私人空间的开放，也有私人空间向公共空间的开放。借助现代发达的技术手段，开放性可以扩展到建筑底层架空、建筑屋顶、地下空间、室内空间等部位。然而在具体应用策略时，应当注意在不同区域的适用性，同时兼顾成本，例如底层架空更适用于南方气候，屋顶开放和地下开放空间成本相对高，不宜大规模使用。

6.3.1 室内空间向公众开放

《马丘比丘宪章》倡导“新的城市化追求的是建成环境的连续性，意即每一座建筑物不再是孤立的，而是一个连续统一体中的一个单元而已，它需要同其他单元进行对话，从而完整其自身的形象。”[21] 其中，“建成环境的连续性”、“对话”的产生，需要建筑承担起对城市的责任，突破自身封闭状态，更多地接纳和承担城市公共职能，鼓励开放私人室内空间及设施，为市民提供更多的交往和活动场所。位于北京东二环区域的侨福芳草地项目（图6-28）就实现了城市公共职能与项目自身发展的共赢。不同于一般的商业综合体，侨福芳草地提供的公共性私人空间具有更高的品质和包容性，与城市更加融合。

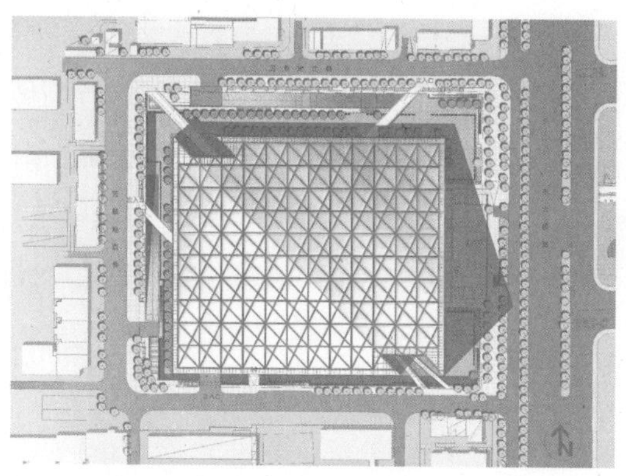

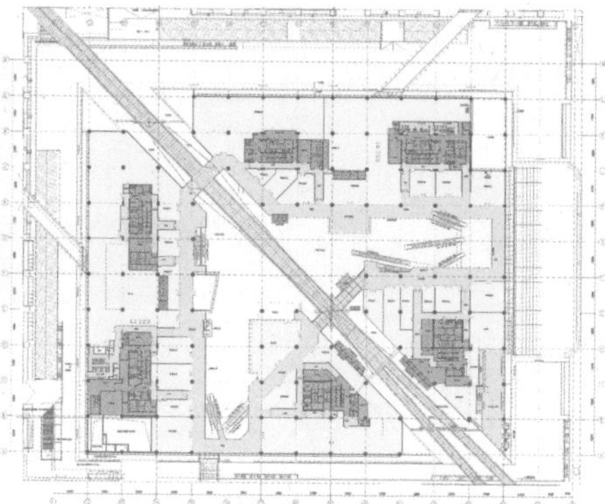

（a）总平面及二层平面：通过多个出入口及二层步道桥与城市建立很好的连接关系

（b）全景

（c）出入口与城市道路的关系

（d）步道桥

（e）高品质的内部空间环境

图 6-28　北京侨福芳草地

说明：“‘侨福芳草地’的内部空间与外部环境之间有着极好的视觉和综合感官交流。从全透明的玻璃幕墙四望，‘侨福芳草地’与周边的城市生活几乎可做到无缝对接。从东南到西北对角斜穿的步道桥，保证建筑深处的人群能够随时抽身返归都市，而城市漫步者也可以闲适地穿越整栋建筑，却不必担心承受通常购物中心中无所不在的卖场气氛的逼压。”[22]“将外罩下建筑之间的空间作为真正的开放空间，就像城市中随处可见的寻常街道和花园一样。普通的封闭式购物中心及类似的综合体，通常有固定的玻璃屋顶，栖霞市狭窄的内部步行街。‘芳草地’却不同于此，它的‘街道’要宽敞得多”[23]。

6.3.2 公共空间向私人开放

在不损害公共利益的前提下，公共空间内可以适当引入商业活动，既可获得一定的经济收入用于公共空间的运维，又能提高空间活力。操作中应注意：1）不能影响公共空间的公共功能；2）明确列出可进行商业活动的位置、面积、使用时间和方式；3）列出适宜的商业活动清单，禁止引入有安全隐患的活动；4）单个商业店面的面积不宜过大；5）给出商业空间的设计导则，要与公共空间整体协调；6）商业活动收入必须全部用于公共空间的运维。例如纽约高线公园以筹集公园运营费用为目的，定期或不定期举办或承接一些商业活动（图 6-29）；Bryant 公园四季都有不同的商业活动，一些活动被公司冠名收取冠名费，但免费向公众开放，如冬季的滑冰场。还有一些商业活动为公园带来不菲的收入。通过商业运作、私人赞助等形式，Bryant 公园的运营完全不需要公共财政支持[24]。

6.3.3 建筑底层架空

建筑底层架空作为公共性空间使用，在近代南方沿海地区出现的骑楼建筑中已有体现。1926 年，建筑大师勒·柯布西耶提出“新建筑的五个特点”，其中之一就是建筑底层架空，他更在《走向新建筑》中大胆设想了架空城市的景象：将交通、基础设施、草地、游戏场、树荫置于地面，使其有顺畅的空气、充足的阳光（图 6-30）。伴随结构技术与观念意识的发展，现今已有很多形式丰富的底层架空实践，为城市公共空间体系的实现，尤其是为私人使用公共性私人空间提供了重要的手段。

底层架空可以是全部或部分架空（图 6-31），全部架空的例如圣保罗艺术博物馆（图 6-32）、香港的汇丰银行、铜锣湾时代广场（图 6-33），部分架空也很常见，常作为人行空间（图 6-34）。具体设计上，除去一般公共性空间的设计要求之外，应特别注意：1）与地域气候条件相适

图 6-29　纽约高线公园内举行的部分商业活动

说明：公园在旺季有六万日流量，是很多商业活动和娱乐活动的理想场地。公园内可组织五百人的大型活动，也可举办 21～75 人的小型活动或私人聚会，还有室内空间可承接商业会议和活动。但由于是公共设施，20 人以内的私人聚会完全免费。场地租赁每年有较为可观的收入。

应，营造微气候，创造舒适的环境；2）合适的架空空间尺度，太高容易显得空旷缺乏亲切感，太低易给人压迫感；3）管理与监督到位，在保障安全的基础上，能充分被公众感知和使用。

图 6-30 勒·柯布西耶设想的架空城市

说明："城市地面架在柱子上，高 4~5m。柱子是城市的基础，地面是城市的底板，道路和人行道像桥梁。在这底板之下直接通过从前是埋在地下而且很难维修的水管、煤气罐、电缆、电话线、压缩空气管、下水道、小区的暖气管，等等。""公寓的各面都向空气和光线敞开，望见的不再是现在这种林荫道边病怏怏的树木，而是广阔的草地、游戏场和浓密的绿荫。"

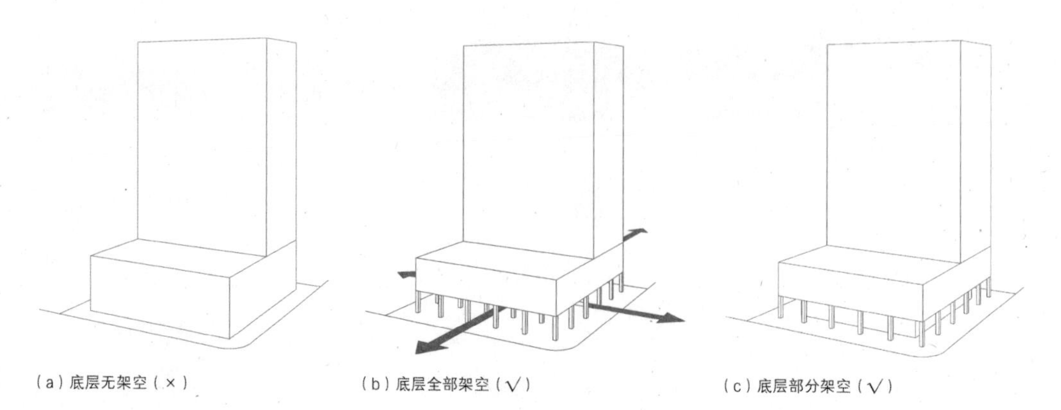

图 6-31 建筑底层全部或部分架空示意

图 6-32　圣保罗艺术博物馆（São Paulo Museum of Art (MASP) / Lina Bo Bardi）

说明：1968 年建成的圣保罗艺术博物馆（MASP）是当地的标志性建筑物。面对不能阻挡该城市低洼地区的景观视线的要求，建筑师采用了底层架空的手法，将地面作为城市公共空间和建筑的“大厅”，使人和视线能够自由穿过。这一做法不仅为城市主要金融和文化大动脉保利斯塔大道（Avenida Paulista）提供了重要且宝贵的城市公共空间，也使得建筑本身独具特色。

（a）香港铜锣湾时代广场

（b）香港汇丰银行

图 6-33　建筑底层全部架空

图 6-34　建筑底层部分架空

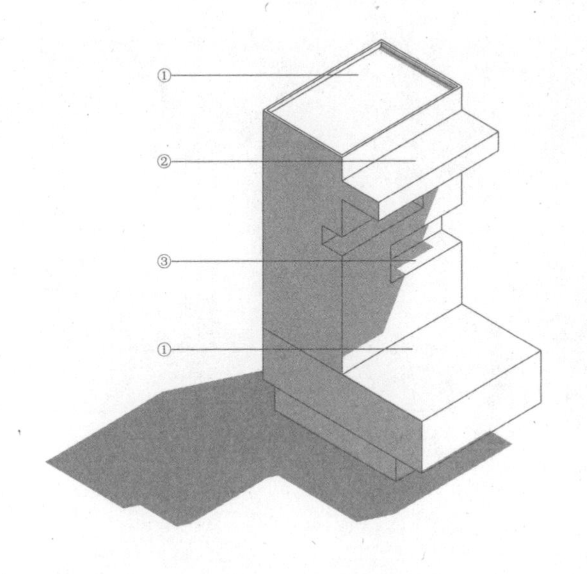

①建筑或裙房顶部 ②大露台式
③建筑内凹式

图 6-35 屋顶开放空间的形式

6.3.4 屋顶开放空间

人们很早以前就开始以建设屋顶花园等形式利用屋顶空间，屋顶除了发挥重要的绿化、节能作用外，还为土地资源紧张的地区提供额外的人行通道及休憩空间，是补充和完善公共空间体系的重要方式。

按所处位置分类，屋顶开放空间可以有建筑或裙房顶部、大露台式、建筑内凹式（有侧光或顶光）等形式（图 6-35），例如让・努维尔（Jean Nouvel）工作室设计的腾讯广州大厦方案中就综合使用了上述四种屋顶开放空间的形式（图 6-36）。作为公共空间体系的组成部分，除去一般公共性空间的设计要求之外，屋顶开放空间设计中应当着重保障可达性。

6.3.5 地下开放空间

地下空间的开发利用是城市空间发展的一个重要方向。1982 年联合国自然资源委员会会议指出，“地下空间被认为是和宇宙、海洋并列的最后留下的未来开拓领域”。1991 年，城市地下空间国际学术会议也提出“21 世纪是人类开发利用地下空间的世纪”。向地下要土地、要空间已成为世界性的发展趋势，并成为衡量城市现代化的重要标志之一。[25]21 世纪以后，我国城市矛盾日益突出，各个城市都面临着城市拥堵、土地资源利用紧张等重要的社会问题。对此，我国已开始重视地下空间，尤其是针对这些问题的公共性地下空间。[26] 与此同时，地下空间在老城保护方面也具有重要的意义。老城的保护规划对建筑高度和容积率的严格控制，给旧建筑的改造和新建筑的设计都带来一定的制约，地下空间很可能成为一条解决途径。[27] 例如，《北京地下空间规划 2004~2020 年》就重点提及了老城，并将地下空间与历史文化名城保护作为一项专题进行研

图 6-36 腾讯广州大厦剖面图和效果图

究;《北京旧城控制性详细规划》(2006 年)也对保护区内地下空间的开发利用提出规划建议和要求。

根据与地面的关系,地下开放空间可以有顶面全开放、半开放、不开放等形式(图 6-37)。顶面全开方式,例如芬兰赫尔辛基的 Baana,利用地下铁轨改造的公共空间,将低于地面的火车通道设计成为慢行交通专用道,利用坡道解决地面与地下的高差,通过设置吸引人群集聚的活动设施、充足照明等,来保证人气和安全;洛克菲勒中心的下沉式广场(图 6-38),广场与周边建筑的地下空间相互连通;顶面半开放式,例如中国台湾的台北捷运信义线大安森林公园站(图 6-39),通过向与车站相邻的公园借地,将车站的入口广场与公园景观融合,形成半开放的下沉广场,使得阳光、自然风及公园景色能够进入车站内,同时高效地利用了公园下方的空间,而车站也作为公园的标志性“大门”;顶面不开放式,例如日本札幌站前通地下广场(图 6-40),设置了丰富、符合市民需求的活动空间。设计中,除去一般公共性空间的设计要求之外,应着重保障与地面的连接、无障碍设计及空间安全。

（a）顶面全开放式

（b）顶面半开放式

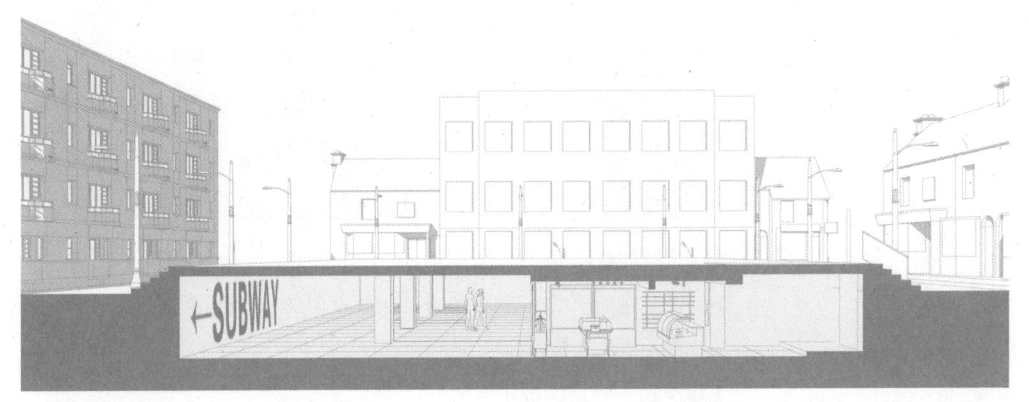

（c）顶面不开放式

图 6-37　地下开放空间的形式

图 6-38 顶面全开放式：洛克菲勒中心的下沉式广场

说明：该广场位于主体建筑 RAC 大厦前，距离地面约 4m，广场与洛克菲勒中心其他建筑的地下商场、剧场等相连通，夏季是一个户外咖啡座，冬季是滑冰场。

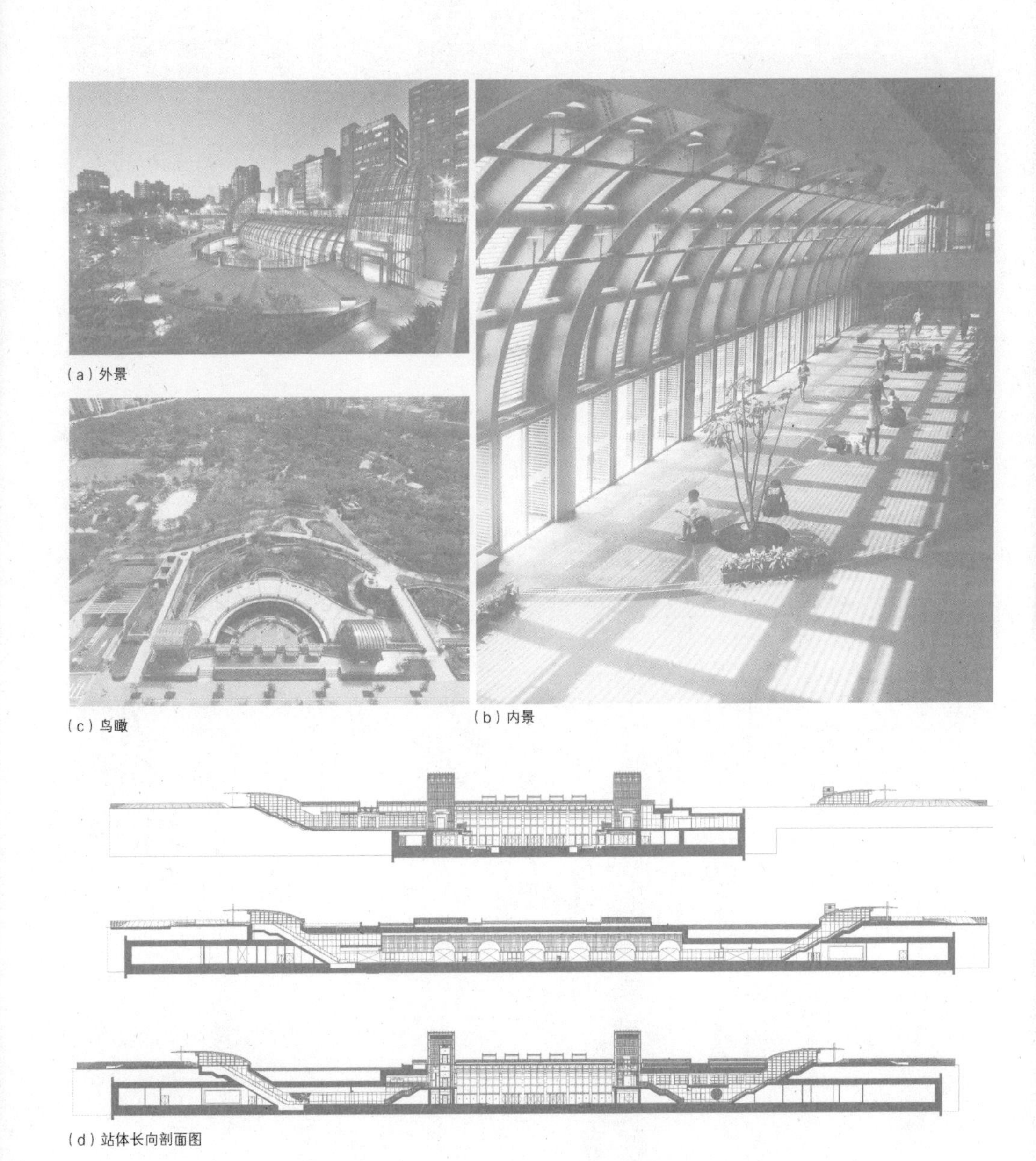

（a）外景

（b）内景

（c）鸟瞰

（d）站体长向剖面图

图 6-39　顶面半开放式：中国台北捷运信义线大安森林公园站

说明：该项目通过向公园“借地”，将车站的入口广场与公园景观融合，形成了一个半开放的下沉广场，使得阳光、风及自然景色能够进入车站内，同时高效地利用了公园下方的空间，而车站也作为公园的标志性“大门”。

（a）位置图

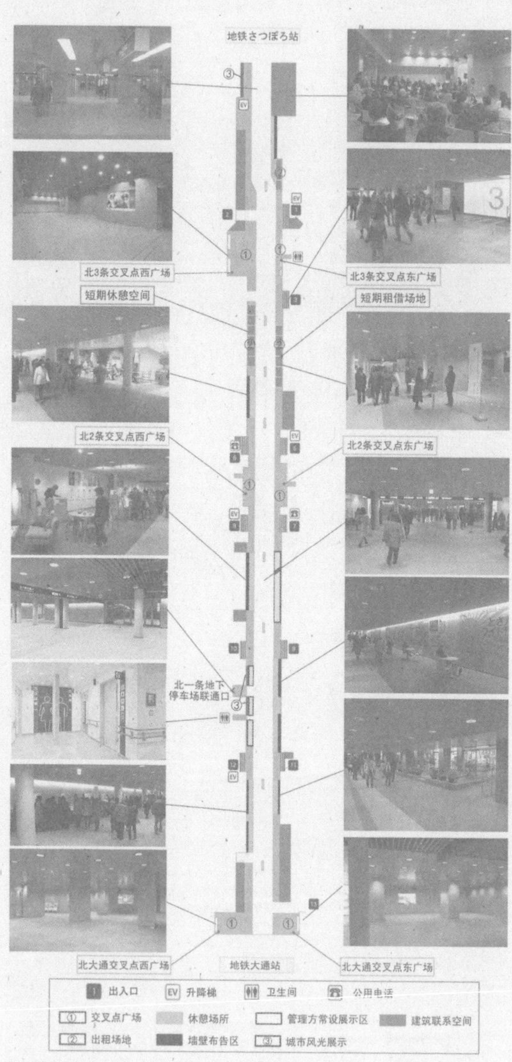

（b）内部功能分析图

（c）内景及活动

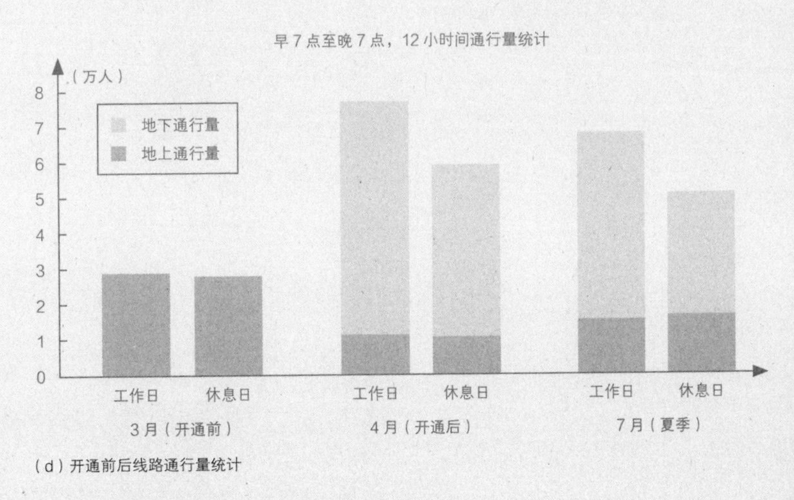

（d）开通前后线路通行量统计

图 6-40　顶面不开放式：日本札幌站前通地下广场

说明：2011 年 3 月 12 日，位于北海道首府札幌的札幌站前通地下广场建成开放，将札幌原有的北部札幌站地区地下空间系统和南部大通公园地区地下空间系统连为一个整体，共同形成一个南北方向延伸超过 1700m 的地下步行空间（图 6-40（a））。札幌站前通地下广场总长约 520m，内部使用空间最小宽度达到 20m，总使用面积超过 12000m^2，不同于一般的地下街，这里完全没有固定零售商业设施，而是定位为一个空旷的多元化的空间作为城市新的文化价值载体。在宽阔的通道两侧，根据具体情况，划分成各种形态与功能的空间，有空间比较开阔的交叉点广场，有短期休憩空间，有短期租借场地，有各种展示区等等（图 6-40（b））。人们可以在各处的休息区休息，也可以组织或参与各种活动，观看展览，使得人们可以自由的停留、休息与交流（图 6-40（c））。通过这些方式，这一空间在单纯的交通空间的基础被赋予了生活的意义，成为市民具有主动意愿使用的场所。根据北海道新闻社的调查统计，在地下广场投入使用前的 3 月份和投入使用后的寒冷的 4 月份、温和的 7 月份，人流量大增（图 6-40（d）），其中绝大部分都是地下广场的通行人数。[28]

注释:

[1] [美]艾伦·B·雅各布斯著. 高杨译. 美好城市：沉思与遐想[M]. 北京：电子工业出版社，2014：178.
[2] 城市绿地分类标准 CJJ/T 85-2017 [S]. 北京：行业标准－城建，2017：2.
[3] 裘鸿菲. 国综合公园的改造与更新研究[D]. 北京林业大学，2009：27.
[4] [美]Whyte W H. City: Rediscovering the Center[M]. University of Pennsylvania Press, 2012. 转引自：刘保艳，汪民，黄伊伟，高翅. 从布莱恩特公园议城市公园中持续生机的创造[J]. 国际城市规划，2014，(3)：126-130.
[5] 刘保艳，汪民，黄伊伟，高翅. 从布莱恩特公园议城市公园中持续生机的创造[J]. 国际城市规划，2014，(3)：126-130.
[6] 赵放中，梅红，王浩. 北京皇城根遗址公园浅析[J]. 中国城市林业，2011，9(01)：19-21.
[7] OPEN建筑事务所. 红线公园装置[Z/OL]. [2016-11-30]. http://www.openarch.com/cn/task/1476.
[8] [丹麦]扬·盖尔著. 何人可译. 交往与空间（第四版）[M]. 北京：中国建筑工业出版社，2002：187.
[9] 刘伯英，林霄，弓箭，宁阳. 美丽中国宽窄梦——成都宽窄巷子历史文化保护区的复兴[M]. 北京：中国建筑工业出版社，2014：185.
[10] 李铁. 为什么中国城镇化趋势将严重放缓? [R/OL]. [2017-01-02(1)]. https://www.sohu.com/a/123175304_475937
[11] [英]AMEC Environment&Infrastructure，Inc. 亚特兰大环线 振兴废弃铁路以连接城市[J]. 风景园林，2015，(8)：102-117.
[12] 金经元. 奥姆斯特德和波士顿公园系统（中）[J]. 上海城市管理职业技术学院学报，2002，12(3)：11-13.
[13] 张洋. 景观对城市形态的影响——以波士顿的城市发展为例[J]. 建筑与文化，2015(03)：140-141.

[14] 利特尔，C.，余青，莫雯静，& 陈海沐. (2013). 美国绿道（风景道规划与管理丛书 feng jing dao gui hua yu guan li cong shu）. 北京：中国建筑工业出版社.
[15] 沈磊，赵国裕. 美国“绿廊”规划的世纪流变 [J]. 北京规划建设，2015,（6）：159-163.
[16] 李亚伟. 西安环城绿带建设的理论与方法 [D]. 西安建筑科技大学，2011：21-22.
[17] [美] WEISS MANFREDI 事务所. 李华东译. 西雅图奥林匹克雕塑公园 [J]. 建筑学报，2009,（5）：62-68.
[18] 王建国. 城市设计（第3版）[M]. 南京：东南大学出版社，2012：134-137.
[19] 导则包含五条要求：反映所在地段的特质，符合符号之间保证能见度所需的足够间隔，与标志所在的建筑物和建筑学处理特征相协调，限制闪光的符号标志（剧场、娱乐场所除外），禁止在步行人流汇集地段的主要景点和视景方向上设置大型标志。
[20] 北京市园林绿化局. 北京绿道规划设计技术导则 [S/OL]. 2014-2[2015-8-25]. 首都园林绿化政务网，http://www.bjyl.gov.cn/.
[21] 国际建筑协会. 陈占祥译. 马丘比丘宪章 [Z]. 利马：1977.
[22] 周榕. 回忆未来：有关“侨福芳草地”的城市札记 [J]. 建筑创作，2015,（1）：10-16.
[23] [美] 克里斯・亚伯著. 朱琳译. 生活在同一屋顶下：北京可持续发展新模式 [J]. 建筑创作，2015,（1）：50-79.
[24] 刘保艳，汪民，黄伊伟，高翅. 从布莱恩特公园议城市公园中持续生机的创造 [J]. 国际城市规划，2014,（3）：126-130.
[25] 吴昕. 城市地下公共空间设计方法研究 [D]. 厦门大学，2006：2-3.
[26] 王永良. 西安明城区内钟楼地区地下空间研究 [D]. 西安建筑科技大学，2011：2.
[27] 商谦. 当代北京旧城地下空间研究 [D]. 清华大学，2015：2.
[28] 朱星平，吕斌. 札幌站前通地下广场开发与运用的借鉴 [J]. 地下空间与工程学报，2014，10（2）：247-252.

结语

最近读了艾伦·韦斯曼（Alan Weisman）博士的《没有我们的世界》[1]，书中构想了人类消失后的地球景象，颇为震撼：人类消失两天后，管道拥堵使城市成为泽国；七天后，城市循环系统陷入瘫痪；三年后，寒冷地带管道爆裂，建筑物开始瓦解；十年后，木质建筑材料开始腐烂；二十年后，浸泡在水中的钢铁开始消融；三百年后，桥梁断裂；五百年后，森林开始出现在曾经是城市的地方……这是一个疯狂大胆的想象，虽然我并非对物质空间持有消极的态度，但却同样认为，缺少持久活力和生存动力的物质空间终不长久，没有“人”的城市终会走向腐朽衰亡。

什么样的城市是有持久活力和生存动力的？这样的城市，其活力和动力又将如何保持？这个问题一度困扰了我很久。作为一名从业三十年的建筑师，我经历了中国城市快速发展的时代，在这份殊荣与责任下，我们这一代规划师和建筑师有机会“大刀阔斧”地塑造城市，可以说是与城市共同成长起来的。翻天覆地的几十年，城市的建设理念、目标几经变化，有太多因素左右着城市空间的走向，在不同时期又不断涌现出新的支配因素，纷繁复杂，让人眼花缭乱。所幸，因为工作的关系，我造访过许多国家和城市，能够亲身体验不同历史、文化、政治、地理环境下的城市及其带给人的空间感受；承担了行业专家、大型设计机构领导和建筑师等多重角色，参与的规划与建筑项目涉及许多城市，有机会与我所认同和不认同的观点、思想碰撞，并有意将自己的思考融入其中进行验证。

第一，坚持“以人为本”的城市发展理念。在中国思想史上，战国时代齐国的政治家管仲最早提出“以人为本”，[2] 作为治国术，其意是把百姓的问题解决好了，才能“本理则国固”，最后达到称王称霸的目的。[3] 西方文艺复兴时期，费尔巴哈提出人本主义，后被马克思赞誉为“创立了真正的唯物主义和现实的科学，因为费尔巴哈使‘人与人之间的’社会关系变成了理论的基础原则”[4]。在古今思想史上，以人为本的思想都是恒久的话题，城市作为人类的栖居之地，它的发展与空间建设自始至终都离不开“人”这个核心要素，能为人提供更舒适的环境和体验不仅可以让一个城市脱颖而出，也能让衰败的城市得以复兴，典型的如巴塞罗那的复兴。在这个意义上，吸引、服务于人是城市空间“好”与“坏”的重要分界，落脚点就在于以高品质的公共空间体系为依托，为公众提供广泛的认知和参与城市发展的机会。

第二，改变公共与私人空间的对立局面。“公”与“私”常被视为不相容的反义词，公与私似乎势不两立。对于城市空间而言，公共空间、私人空间也常常处于微妙的紧张对立之中。然而，公、私之间并非决然对立，虽然它们各自的利益代表者都有扩张自身空间及其利益的需求，但面对这种需求“宜疏不宜堵”，实则可以探索平衡之道。高品质的城市空间离不开公、私任何一方的参与，其中最首要的任务是分清公、私各自的空间，明确其权属和权责，更进一步，本书提出打通二者的沟通渠道和建立良性互动关系的设想：创新性的定义了空间界面，作为公共空间、私人空间之间的权属分隔，使空间权属有了明确、唯一的范围，以此为基础，构建了城市空间界面理论。在理论设定的规则之下，各利益相关方在空间界面展开博弈，交换空间利益，以达到利益均衡的理想状态。进而建立由公共空间、公共性私人空间所构成的公共空间体系，最大限度地保障公共利益。

第三，完善城市空间资源的整体管理。乔治·欧仁·奥斯曼（Baron Georges-Eugène Haussmann）执掌巴黎时期，曾大刀阔斧地采取了改革政府部门的构成、创新融资模式等举措，为他和他的团队关于基础设施、公路、城市绿化等一系列公共领域的设想的实现铺平了道路，为当时乃至今日和未来留下了世界最美的城市之一。管理是理念、方案、计划、设想与现实之间的桥梁，是城市这个“有机体”正常运转的保障体系。目前，在应用城市空间界面理论建立公共空间体系以提升城市空间品质的实践层面，使管理效率、公平达到最佳状态尚属理想。但是，城市建立系统的管理思路、方法和体系，处理好理想与现实、整体与局部的关系，是必须具备的能力。公共空间体系是一项复杂的城市公共事务，顺应当前依法治国、经济“新常态”及政府职能转变的大背景，有利于弥补基础管理制度的欠缺，解决管理混乱的难题。一些管理策略和建议在本书的理论和策略章节中已有提及，此外，还应关注：明确和强化产权保护制度，合理界定公共利益的范围，保护稳定的空间产权[5]；利用城市设计手段，聚焦和强化公共空间体系的精细化规划和设计；加强设立专门的主管部门，有效协调和统筹相关的政府部门来避免陷入部门间相互博弈的低效管理中；重视互联网、大数据等技术的应用，它改变了人与人、人与世界的连接方式，建议逐步建立起公共空间体系全过程的智慧化管理系统，打通政府与私人、人与空间之间的信息壁垒，例如建立“事前”的公众参与平台、信息库，“事中”的空间使用实时监控系统，以及“事后”的评估及动态调整系统；等等。

第四，空间品质是城市竞争力的重要体现。高品质城市空间的营造不是一朝一夕的事情，找到适合中国国情的空间品质提升方法，还有很长的路要走，需要理念、方案、执行、维护的多个环节的完整推动。我们尚处在转变观念的阶段，过去不合时宜的城市规划、建设和管理理念仍在大量操控城市的建设。如何在现有的条件下，以合乎城市运行规律的方式，处理好公与私、公共空间与私人空间、公共空间体系与城市整体价值的关系，是所有城市相关从业者必须思考和具备的能力。

总的来说，在全球经济一体化、信息化高度重构城市格局的背景下，为城市新一轮的调整创造了难得的机遇。本书所构建和倡导的理论及其目标，作为一种主动性的建设思路，为城市在多样化的发展目标中辨识了最本源的方向。改善空间品质的工作漫长而繁重，但以德国鲁尔工业区、巴塞罗那、巴黎等无数先例为鉴，结果终不会辜负努力。事实证明，以城市公共空间体系为核心所营造的高品质城市空间，可以创造更高的经济价值，有助于城市的发展和复兴。我们有理由预期，对公共空间体系及其所代表的空间品质的追求，将成为城市规划、建设和管理中的重要内容，为建造更加开放、共享、活力、富有竞争力的城市发挥重要作用。城市的成功在于提供了人们所需要的生活，而一个拥有高品质空间的城市，又将为城市的发展产生不竭的动力。

注释：

[1] [美]艾伦·韦斯曼著. 赵舒静译. 没有我们的世界[M]. 上海：上海科学技术文献出版社，2007.

[2] 张景荣，赵永忠. “以人为本”近期研究综述[J]. 思想理论教育导刊，2004,（8）：72-77.

[3] “……夫霸王之所始也，以人为本。本理则国固，本乱则国危。故上明则下敬，政平则人安，士教和则兵胜敌，使能则百事理，亲仁则上不危，任贤则诸侯服。”（[清]黎翔凤撰. 梁运华整理. 管子校注（上）[M]. 第二十三 霸言. 北京：中华书局，2004：472.）

[4] [德]马克思，恩格斯著. 中共中央马克思恩格斯列宁斯大林著作编译局译. 马克思恩格斯全集第三卷[M]. 北京：人民出版社，1960：3.

[5] 2016年11月中共中央、国务院发布《关于完善产权保护制度依法保护产权的意见》，提出“完善土地、房屋等财产征收征用法律制度，合理界定征收征用适用的公共利益范围，不将公共利益扩大化，细化规范征收征用法定权限和程序。遵循及时合理补偿原则，完善国家补偿制度，进一步明确补偿的范围、形式和标准，给予被征收征用者公平合理补偿。”

参考文献

[1] 曹洪涛，储传亨. 当代中国的城市建设 [M]. 北京：中国社会科学出版社，1990. 转引自：潘谷西. 中国建筑史（第六版）[M]. 北京：中国建筑工业出版社，2009.

[2] 陈鹏. 中国土地制度下的城市空间演变 [M]. 北京：中国建筑工业出版社，2009.

[3] 戴志康，陈伯冲. 高山流水——探索明日之城 [M]. 上海：同济大学出版社，2013.

[4] 郭蕊. 权责关系的行政学分析 [M]. 北京：中国社会科学出版社，2014.

[5] 贺业钜. 中国古代城市规划史 [M]. 北京：中国建筑工业出版社，2003.

[6] 刘伯英，林霄，弓箭，宁阳. 美丽中国宽窄梦——成都宽窄巷子历史文化保护区的复兴 [M]. 北京：中国建筑工业出版社，2014.

[7] 刘淑妍. 公众参与导向的城市治理——利益相关者分析视角 [M]. 上海：同济大学出版社，2010.

[8] 潘谷西. 中国建筑史（第五版）[M]. 北京：中国建筑工业出版社，2004.

[9] 潘家华，魏后凯. 城市蓝皮书：中国城市发展报告 No.8[M]. 北京：社会科学文献出版社，2015.

[10] 王建国. 城市设计（第 3 版）[M]. 南京：东南大学出版社，2012.

[11] 于雷. 空间公共性研究 [M]. 南京：东南大学出版社，2005.

[12] 张德粹. 土地经济学 [M]. 中国台北：正中书局，1963.

[13] 张国庆. 行政管理中的组织、人事与决策 [M]. 北京：北京大学出版社，1990.

[14] 周进. 城市公共空间建设的规划控制与引导 [M]. 北京：中国建筑工业出版社，2013.

[15] AMEC Environment&Infrastructure, Inc. 亚特兰大环线 振兴废弃铁路以连接城市 [J]. 风景园林，2015，(8).

[16] SOM 公司. 深圳市中心区城市规划设计指南. 1998. 转引自：陈一新. 探究深圳 CBD 办公街坊城市设计首次实施的关键点 [J]. 城市发展研究，2010，17（12）.

[17] WEISS MANFREDI 事务所. 李华东译. 西雅图奥林匹克雕塑公园 [J]. 建筑学报，2009，(5).

[18] 白慧林. 城市公共空间商业化利用中公权与私权的冲突及解决 [J]. 商业经济研究，2015，(11).

[19] 陈一新. 探究深圳 CBD 办公街坊城市设计首次实施的关键点 [J]. 城市发展研究，2010，17（12）.

[20] 陈竹，叶珉. 什么是真正的公共空间？——西方城市公共空间理论与空间公共性的判定 [J]. 国际城市规划，2009，24（3）.

[21] 陈竹，叶珉. 西方城市公共空间理论——探索全面的公共空间理念 [J]. 城市规划，2009，33（6）.

[22] 德国老工业基地鲁尔区改造与振兴 [J]. 经济研究参考，1992，(Z4).

[23] 丁萌萌，徐滇庆. 城镇化进程中农民工市民化的成本测算 [J]. 经济学动态，2014，(2).
[24] 甘欣悦. 公共空间复兴背后的故事——记纽约高线公园转型始末 [J]. 上海城市规划，2015，(1).
[25] 葛舒眉. 浅析城市口袋公园建设的意义及规划设计 [J]. 江西农业学报，2012，24 (3).
[26] 何霞. “巴塞罗那模式”对现代城市休闲空间规划创新发展的启示 [J]. 现代城市，2010，(2).
[27] 纪峰. 公众参与城市规划的探索——以泉州市为例 [J]. 规划师，2005，21 (11).
[28] 金经元. 奥姆斯特德和波士顿公园系统 (中) [J]. 上海城市管理职业技术学院学报，2002，12 (3).
[29] 李保平. 实践公共利益的困境与出路——以征地拆迁为例 [J]. 理论学刊，2009，(1).
[30] 林目轩. 美国土地管理制度及其启示 [J]. 国土资源导刊，2011，8 (1).
[31] 刘保艳，汪民，黄伊伟，高翅. 从布莱恩特公园议城市公园中持续生机的创造 [J]. 国际城市规划，2014，(3).
[32] 刘敏霞. 地块尺度对于城市形态的影响 [J]. 山西建筑，2009，35 (1).
[33] 刘晓欣. “公共利益”与“私人利益”的概念之辨 [J]. 湖北社会科学，2011，(5).
[34] 刘兆鑫. 权责一致的公共管理逻辑——从行政国家说开去 [J]. 领导科学，2013，(26).
[35] 龙翼飞，杨建文. 论所有权的概念 [J]. 法学杂志，2008，29 (2).
[36] 罗健中. 北京三里屯之演化——三里屯 Village 实例分析 [J]. 建筑学报，2009，(7).
[37] 曲凌雁. “合作伙伴组织”政策的发展与创新——英国城市治理经验 [J]. 国际城市规划，2013，28 (6).
[38] 沈磊，赵国裕. 美国“绿廊”规划的世纪流变 [J]. 北京规划建设，2015，(6).
[39] 沈宗灵. 权利、义务、权力 [J]. 法学研究，1998，(3).
[40] 宋博，赵民. 论城市规模与交通拥堵的关联性及其政策意义 [J]. 城市规划，2011，(6).
[41] 宋彦，李超骕. 美国规划师的角色与社会职责 [J]. 规划师，2014，(9).
[42] 王青斌. 论行政规划中的私益保护 [J]. 法律科学，2009，(3).
[43] 魏巍，侯晓蕾等. 高密度城市中心区的步行体系策略——以香港中环地区为例 [J]. 中国园林，2011，27 (8).
[44] 夏传信，闫晓燕. 中国城市土地产权效率存在的问题与改革建议 [J]. 河北学刊，2011，31 (4).
[45] 夏晟. 中国城市公共空间结构与社会演变的关联 [J]. 建筑与文化，2005，(11).
[46] 邢锡芳. 土地规划和政府对私人不动产的侵权——从政府征地和土地管理法规条例谈美国土地规划的法律基础 [J]. 北京规划建设，2006，(3).

[47] 许爱萍. 发达国家智慧城市建设的典型经验与启示 [J/OL]. 石家庄经济学院学报，2017，(04).
[48] 徐明前，蒋滢. 卢湾区太平桥地区规划事业发展及其启示 [J]. 上海城市发展，2001，(5).
[49] 徐宁，徐小东. 香港城市公共空间解读 [J]. 现代城市研究，2012，(2).
[50] 杨宏山. 公共政策视野下的城市规划及其利益博弈 [J]. 广东行政学院学报，2009，21 (4).
[51] 杨思基. 关于公权力和私权力及其条件的分析——兼谈中国的政治体制改革 [J]. 中国矿业大学学报 (社会科学版)，2013，(2).
[52] 余婷. 草原公园，在城市也能“自由飞翔” [J]. 新城乡，2016，(2).
[53] 俞可平. 中国公民社会：概念、分类与制度环境 [J]. 中国社会科学，2006，(1).
[54] 张景荣，赵永忠. “以人为本” 近期研究综述 [J]. 思想理论教育导刊，2004，(8).
[55] 张庭伟. 梳理城市规划理论——城市规划作为一级学科的理论问题 [J]. 城市规划，2012，(4).
[56] 张文英. 口袋公园——躲避城市喧嚣的绿洲 [J]. 中国园林，2007，(4).
[57] 张洋. 景观对城市形态的影响——以波士顿的城市发展为例 [J]. 建筑与文化，2015 (03).
[58] 张晓军. 鲁尔区复兴的地域景观特色营造 [J]. 国际城市规划，2007，22 (3).
[59] 赵放中，梅红，王浩. 北京皇城根遗址公园浅析 [J]. 中国城市林业，2011，9 (01).
[60] 赵申，申明锐，张京祥. “苏联规划” 在中国：历史回溯与启示 [J]. 城市规划学刊，2013，(2).
[61] 赵燕菁. 城市化的几个基本问题 (上) [J]. 北京规划建设，2016，(1).
[62] 周干峙. 系统论思想和人居环境科学是解决我国城乡发展问题的金钥匙 [J]. 科学中国人，2010，(10).
[63] 周榕. 回忆未来：有关“侨福芳草地” 的城市札记 [J]. 建筑创作，2015，(1).
[64] 周钰. 街道界面形态规划控制之 “贴线率” 探讨 [J]. 城市规划，2016，40 (08).
[65] 朱星平，吕斌. 札幌站前通地下广场开发与运用的借鉴 [J]. 地下空间与工程学报，2014，10 (2).
[66] [清] 黎翔凤撰. 梁运华整理. 管子校注 (上) [M]. 第二十三 霸言. 北京：中华书局，2004.
[67] [战国] 慎到. [清] 钱熙祚校. 慎子 (诸子集成本) [M]. 北京：中华书局，1954.
[68] [汉] 史游. 急就篇 [M]. 卷三 顷町界亩. 长沙：岳麓书社，1989.
[69] [汉] 司马迁撰. 史记 [M]. 卷一百二十九 货殖列传. 北京：中华书局，1982.
[70] [清] 王先慎撰. 钟哲点校. 韩非子集解 [M]. 五蠹. 北京：中华书局，1998.
[71] [汉] 许慎. 说文解字 [M]. 第十三下. 北京：中华书局，1983.
[72] [英] 埃蒙・坎尼夫著. 秦红岭，赵文通译. 城市伦理——当代城市设计 [M].

北京：中国建筑工业出版社，2013.

[73] [美]艾伦·B·雅各布斯著. 高杨译. 美好城市：沉思与遐想[M]. 北京：电子工业出版社，2014.

[74] [美]艾伦·韦斯曼著. 赵舒静译. 没有我们的世界[M]. 上海：上海科学技术文献出版社，2007.

[75] [英]戴维·哈维著. 叶齐茂，倪晓晖译. 叛逆的城市：从城市权利到城市革命[M]. 北京：商务印书馆，2014.

[76] [英]戴维·米勒著. 邓正来等译. 布莱克维尔政治制度百科全书[M]. 北京：中国政法大学出版社，2011.

[77] [法]弗朗索瓦·泰雷，菲利普·森勒尔著. 罗结珍译. 法国财产法[M]. 北京：中国法制出版社，2008. 转引自：刘艺. 公物法中的物、财产、产权——从德法公物法之客体差异谈起[J]. 浙江学刊，2010，(2).

[78] [日]沟口雄三著. 郑静译. 孙歌校. 中国的公与私·公私[M]. 北京：生活·读书·新知三联书店，2011.

[79] [美]简·雅各布斯著. 金衡山译. 美国大城市的死与生[M]. 南京：译林出版社，2006.

[80] [美]凯文·林奇著. 方益萍，何晓军译. 城市意象[M]. 北京：华夏出版社，2001.

[81] [美]克莱尔·库珀·马库斯，卡洛琳·弗朗西斯著. 俞孔坚，孙鹏等译. 人性场所——城市开放空间设计导则(第二版)[M]. 中国建筑工业出版社，2001.

[82] [美]克里斯·亚伯著. 朱琳译. 生活在同一屋顶下：北京可持续发展新模式[J]. 建筑创作，2015，(1).

[83] [法]勒·柯布西耶著. 陈志华译. 走向新建筑[M]. 西安：陕西师范大学出版社，2004.

[84] [美]利特尔，C. ，余青，莫雯静，& 陈海沐. (2013). 美国绿道(风景道规划与管理丛书 feng jing dao gui hua yu guan li cong shu)[M]. 北京：中国建筑工业出版社.

[85] [日]芦原义信著，尹培桐译. 街道的美学[M]. 天津：百花文艺出版社，2006.

[86] [美]罗杰·特兰西克著. 朱子瑜，张播，鹿勤等译. 寻找失落空间——城市设计的理论[M]. 北京：中国建筑工业出版社，2008.

[87] [德]马克思，恩格斯著. 中共中央编译局编译. 马克思恩格斯全集(第三卷)[M]. 北京：人民出版社，1972.

[88] [德]马克思，恩格斯著. 中共中央编译局编译. 马克思恩格斯全集(第一卷)[M]. 北京：人民出版社，1964.

[89] [德]马克思，恩格斯著. 中共中央马克思恩格斯列宁斯大林著作编译局译. 马克思恩格斯全集第三卷[M]. 北京：人民出版社，1960.

[90] [英]亚当·斯密著. 郭大力，王亚南译. 国民财富的性质和原因的研究：上卷[M]. 北京：商务印书馆，1983.

[91] [英]亚当·斯密著. 郭大力，王亚南译. 国民财富的性质和原因的研究：下卷[M]. 北京：商务印书馆，1983.

[92] [美]亚历山大·加文著. 曹海军等译. 规划博弈：从四座伟大城市理解城市规

划 [M]. 北京：北京时代文华书局，2015.

[93] [丹麦] 扬·盖尔，拉尔斯·吉姆松著. 汤羽扬，王兵，戚军译. 何人可，欧阳文校. 公共空间·公共生活 [M]. 北京：中国建筑工业出版社，2003.

[94] [丹麦] 杨·盖尔著. 何人可译. 交往与空间（第四版）[M]. 北京：中国建筑工业出版社，2002.

[95] [日] 伊贺隆，宇寒. 什么是市民主体城市 [J]. 现代外国哲学社会科学文摘，1987，(10).

[96] [美] 约翰·克莱顿·托马斯著. 孙柏瑛等译. 公共决策中的公民参与 [M]. 北京：中国人民大学出版社，2010.

[97] David Harvey. Social Justice and the City [M]. London: Edward Amold, 1973.

[98] Kenneth Wayne Thomas, Ralph Kilmann. Thomas-Kilmann Conflict Mode Instrument[M]. CPP, Lnc, 2002.

[99] Nichola Bailey, Kelvin MacDonald, MacDonald K. Partnership Agencies in British Urban Policy [M]. London: UCL Press, 1995.

[100] Philippe Panerai, Jean-Charles Depaule, Marcelle Demorgon. Analyse Urbaine[M]. Èditions Parenthèses, 2002. 转引自：江军廷. 地块尺度及用地边界对城市形态的影响 [D]. 上海：同济大学，2007.

[101] Robert Park. On Social Control and Collective Behavior[M]. Chicago: Chicago University Press, 1967.

[102] Senatsverwaltung f. Stadtentwicklung：Urban Pioneers. Stadtentwicklumg durch Zwischennutzung[M]. Jovis Verlag, Berlin, 2007. 转引自：董楠楠. 联邦德国城市复兴中的开放空间临时使用策略 [J]. 国际城市规划，2011，26（5）.

[103] Stanford Anderson, ed. On Streets [M]. Cambridge, Mass.: MIT Press, 1978.

[104] Whyte W H. City: Rediscovering the Center[M]. University of Pennsylvania Press, 2012. 转引自：刘保艳，汪民，黄伊伟，高翅. 从布莱恩特公园议城市公园中持续生机的创造 [J]. 国际城市规划，2014，(3).

[105] Arnstein Sherry R. A Ladder of Citizen Participation[J]. Journal of the American Planning Association, 1969, 35, (4).

[106] R. J. Burby, P. J. May, and R. C. Paterson. Improving Compliance with Regulations Choices and Outcomes for Local Government[J]. Journal of the American Planning Association, 1998, 64(3).

[107] Robert Newcombe. From Client to Project Stakeholder: a Stakeholder Mapping Approach [J]. Construction Management and Economic, 2003, 21(8).

[108] Summary Guide to Use Classes Order and Permitted Changes of Use. http://www.opsi.gov.uk/si/si1987/Uksi_19870764_en_2.htm. 转引自：高捷. 英国用地分类体系的构成特征及其启示 [J]. 国际城市规划，2012，27（6）.

[109] OPEN 建筑事务所. 红线公园装置 [Z/OL]. [2016-11-30]. http://www.openarch.com/cn/task/1476.

[110] 北京市统计局，国家统计局北京调查总队. 北京统计年鉴 2016[DB/OL]. 北

京：中国统计出版社，北京数通电子出版社，2016[2017-2-17]. http://www.bjstats.gov.cn/nj/main/2016-tjnj/zk/indexch.htm.

[111] 北京市园林绿化局. 北京绿道规划设计技术导则 [S/OL]. 2014-2[2015-8-25]. 首都园林绿化政务网，http://www.bjyl.gov.cn/.

[112] 城市设计管理办法 [Z/OL]. 2017-3-14[2017-6-5]. http://www.mohurd.gov.cn/fgjs/jsbgz/201704/t20170410_231427.html.

[113] 城市设计学术委员会. 在新的政策和机制下，如何有序推进城市设计? [Z/OL]. 城市设计学术委员会微信公众号，2015-12-31[2016-1-30].

[114] 储传亨. 苏联城市规划对北京城市规划的影响 [G]// 北京市规划委员会，北京城市规划学会. 岁月回响——首都城市规划事业 60 年纪事（1949-2009）（下）. 2009.

[115] 国际建筑协会. 陈占祥译. 马丘比丘宪章 [Z]. 利马：1977.

[116] 国家林业局. 国家森林城市评价指标 [S/OL]. 2007[2017-2-17]. http://www.forestry.gov.cn/main/4818/content-797560.html.

[117] 李铁. 为什么中国城镇化趋势将严重放缓? [R/OL]. [2017-01-02（1）]. https://www. sohu.com/a/123175304_475937

[118] 李准. 改革开放后的城市规划管理 [G]// 北京市规划委员会，北京城市规划学会. 岁月回响——首都城市规划事业 60 年纪事（1949-2009）（下）. 2009.

[119] 纽约私有公共空间设计导则 [Z/OL]. http://www.nyc.gov/html/dcp/html/pops/plaza_standards.shtml#seating. 转引自：郇雨. 408 研究小组 | 纽约私有公共空间设计准则 [Z/OL]. 环境设计研究.

[120] 中共中央国务院关于进一步加强城市规划建设管理工作的若干意见 [Z/OL]. 2016-2-6 [2017-3-14]. http://www.gov.cn/zhengce/2016-02/21/content_5044367.htm.

[121] 中华人民共和国城乡规划法 [Z/OL]. 2007-10-28[2017-3-14]. http://www.gov.cn/flfg/2007-10/28/content_788494.htm.

[122] 中国经济网. 我国 23 个省份土地财政依赖度排名表 [Z/OL]. [2014-04-14]. http://district.ce.cn/newarea/roll/201404/14/t20140414_2655846.shtml

[123] 中华人民共和国住建部. 民用建筑设计通则（GB 50352—2005）[S]. 北京：中国建筑工业出版社，2005.

[124] 城市绿地分类标准 CJJ/T 85-2017 [S]. 北京：行业标准 - 城建，2017.

[125] 陈超. 小尺度街区模式研究 [D]. 重庆大学，2015.

[126] 李亚伟. 西安环城绿带建设的理论与方法 [D]. 西安建筑科技大学，2011.

[127] 裘鸿菲. 国综合公园的改造与更新研究 [D]. 北京林业大学，2009.

[128] 商谦. 当代北京旧城地下空间研究 [D]. 清华大学，2015.

[129] 王永良. 西安明城区内钟楼地区地下空间研究 [D]. 西安建筑科技大学，2011.

[130] 吴昕. 城市地下公共空间设计方法研究 [D]. 厦门大学，2006.

图表来源

图 1-1　不能平等享受城市公共服务的外来人口 // 王祥东摄

图 1-2　白天和夜晚的北京 CBD // 王祥东摄

图 1-3　某高尔夫俱乐部侵占城市公共绿地 // 底图来自百度地图．规划图来自北京市规划和国土资源管理委员会海淀分局

图 1-4　机动车乱停放在人行道上，影响行人的正常通行 // 朱小地摄

图 1-5　矗立在道路中央的“钉子户”严重影响了道路通行 // 百度地图

图 1-6　空间联系与活动发生的相关模式 // [丹麦] 杨・盖尔著．何人可译．交往与空间（第四版）[M]．北京：中国建筑工业出版社，2002：15

图 1-7　与城市隔绝的高品质私人空间 // 王祥东摄

图 1-8　兰州市“一五”时期规划图 // 曹洪涛，储传亨．当代中国的城市建设 [M]．北京：中国社会科学出版社，1990．转引自：潘谷西．中国建筑史（第六版）[M]．北京：中国建筑工业出版社，2009：440

图 1-9　巴西利亚平面 // Google Earth

图 2-1　空间权属示意

图 2-2　伊迪斯・梅斯菲尔德的小屋 // 底图来自 Google Earth

图 2-3　中国城市土地制度历史演变 // 根据参考文献绘制：陈鹏．中国土地制度下的城市空间演变 [M]．北京：中国建筑工业出版社，2009：59

图 2-4　皇权至上的城市，体现威严和等级：隋唐长安城平面 // 转绘自：贺业钜．中国古代城市规划史 [M]．北京：中国建筑工业出版社，2003：491

图 2-5　中世纪西方自治市中出现市民公共空间：意大利古城锡耶纳 // 底图来自 Google Earth，市政厅广场，朱小地摄；大教堂，Pixabay

图 2-6　胡同杂院门口写着“私人院落，谢绝参观”// 王祥东摄

图 3-1　所有权与使用权一致的空间界面示意 // 底图照片王祥东摄

图 3-2　所有权与使用权分离的空间界面示意 // 底图照片韩慧卿摄

图 3-3　用地红线、空间界面划定的城市空间关系示意

图 3-4　完全封闭的空间界面 // 照片王祥东摄

图 3-5　封闭但视觉开放的空间界面 // 照片王祥东摄

图 3-6　空间开放但心理不开放的空间界面 // 照片王祥东摄

图 3-7　完全开放的空间界面 // 照片王祥东摄

图 3-8　空间界面的非物质实体性

图 3-9　空间界面的连续性

图 3-10　完全封闭的空间界面的几种情况

图 3-11　空间界面的稳定性与动态性

图 4-1　巴塞罗那腾退出的公共空间 // 张玺

图 4-2　巴塞罗那腾退出的公共空间的利用模式 // 张玺

图 4-3　香港中环行人天桥系统 // 平面图来自参考文献：徐宁，徐小东．香港城市公共空间解读 [J]．现代城市研究，2012，（2）：36-39．照片韩慧卿摄

图 4-4　水平方向上公共空间的物质形式
图 4-5　垂直方向上公共空间的物质形式
图 4-6　博弈的几种可能结果
图 4-7　博弈参与者重要程度：利益 / 影响矩阵 // [英]Robert Newcombe.From Client to Project Stakeholder: a Stakeholder Mapping Approach [J]. Construction Management and Economic, 2003, 21(8): 841-848
图 4-8　北京前门东区改造项目中项目承接方普查确认房屋产权 // 北京市建筑设计研究院有限公司，朱小地工作室
图 4-9　武汉的公众参与平台："众规武汉" // 武汉市国土资源和规划局. [2015-11-9]. http://zg1.wpdi.cn/Default.aspx
图 4-10　博弈的模式
图 4-11　托马斯（K·Thomas）解决冲突的二维模式 // [美]Kenneth Wayne Thomas, Ralph Kilmann.Thomas-Kilmann Conflict Mode Instrument[M]. CPP, Lnc, 2002: 8.
图 4-12　纽约高线公园的建设历程 // 甘欣悦. 公共空间复兴背后的故事——记纽约高线公园转型始末 [J]. 上海城市规划，2015，(1)：43-48
图 4-13　空间界面移动
图 4-14　空间界面增加
图 4-15　空间界面减少
图 5-1　我国 23 个省份土地财政依赖度排名 // 中国经济网.《我国 23 个省份土地财政依赖度排名表》[Z]. [2014-04-14]. http://district.ce.cn/newarea/roll/201404/14/t20140414_2655846. shtml
图 5-2　新加坡规划管理机构框架及职责
图 5-3　生活实验室联盟（European Network of Living Labs）成员分布图 //Living Labs 官网，https://enoll.org/network/living-labs/?country=norway
图 5-4　香港政府投资建设的人行天桥 // 韩慧卿摄，香港
图 5-5　三里屯 Village 南区地图 // 百度地图
图 5-6　三里屯 Village 街景与广场 // 王祥东摄，北京
图 5-7　草原公园内的活动 // 草原公园网站，http://kusappara.que.jp/
图 5-8　1991 年草原公园申请计划中的公园图纸 // 草原公园网站，http://kusappara.que.jp/
图 5-9　整个地块出让与单体建筑出让对空间的控制效果比较
图 5-10　鲁尔工业区实景照片 // 刘抚英
图 5-11　北京金融街中心区规划 // 黄友谊
图 5-12　不同大小地块内的建筑布局 //Philippe Panerai, Jean-Charles Depaule, Marcelle Demorgon. Analyse Urbaine[M]. Èditions Parenthèses, 2002: 97. 转引自：江军廷. 地块尺度及用地边界对城市形态的影响 [D]. 上海：同济大学，2007：24
图 5-13　深圳市中心区地块规划图对比 //1997 年的支路网及单向交通组织图，陈一新. 探究深圳 CBD 办公街坊城市设计首次实施的关键点 [J]. 城市发展研究，2010，17（12）：84-89.；SOM 公司的规划图，SOM 公司. 深圳市

中心区城市规划设计指南. 1998. 转引自：陈一新. 探究深圳 CBD 办公街坊城市设计首次实施的关键点 [J]. 城市发展研究，2010，17（12）：84-89

图 5-14 深圳市中心区实景 // 韩慧卿、何淼淼摄，深圳

图 5-15 佩雷公园 // 张文英

图 5-16 王府井口袋公园 // 平面图，朱小地工作室；照片，胡明心摄 @ 天安时间当代艺术中心

图 5-17 地块“城市公共空间 12 品质”评价分析 // 孙苑鑫

图 5-18 “胡同里的微空间”设计前后对比 // 孙苑鑫

图 5-19 “胡同里的微空间”9 项人性化设计 // 孙苑鑫

图 5-20 相同尺度下不同路网密度城市比较 // 马强

图 5-21 波特兰核心区路网肌理 //Google Earth

图 5-22 波特兰带形绿地公园 //Google Earth

图 5-23 利用城市道路作为消防环路 // 项目案例，北京市建筑设计研究院有限公司，3A2 设计所

图 5-24 机动车出入口与建筑物整合设置 // 项目案例，北京市建筑设计研究院有限公司，方案创作工作室

图 5-25 绿地集中建设 // 北京市建筑设计研究院有限公司，方案创作工作室

图 5-26 人防设施集中建设

图 5-27 控制贴线率 // 北京市建筑设计研究院有限公司，方案创作工作室

图 5-28 北京未来科技城项目中的空间功能混合 // 北京市建筑设计研究院有限公司

图 6-1 Bryant 公园 // 王芳摄

图 6-2 皇城根遗址公园墙基展示区鸟瞰及公园边界处理 // 尚月泰摄

图 6-3 红线公园 // OPEN Architecture

图 6-4 成都宽窄巷子中井巷子内的文化墙 // 韩慧卿摄

图 6-5 北京前门东区项目中的镂空墙面 // 胡明心摄 @ 天安时间当代艺术中心

图 6-6 丹麦哥本哈根超级线性公园中的红色广场 //BIG

图 6-7 王府井口袋公园改造前后 // 胡明心摄 @ 天安时间当代艺术中心

图 6-8 “墙馆”改造前后对比 //2017 城事设计节

图 6-9 亚特兰大环线总平面图 // Atlanta BeltLine

图 6-10 亚特兰大环线上的公共活动 //Atlanta BeltLine

图 6-11 京张铁路绿色景观走廊 // 北京林业大学园林学院

图 6-12 芝加哥河规划历程 // 李艾桦绘

图 6-13 芝加哥河概况及公共空间体系情况 // Chiristian Phillips，©Kate Joyce Studios

图 6-14 前门东区三里河绿化带 // 北京市建筑设计研究院有限公司，朱小地工作室

图 6-15 前门东区三里河绿化带实景 // 尚月泰摄

图 6-16 秦皇岛汤河公园 // 北京土人景观与建筑规划设计研究院

图 6-17 西安环城公园 - 卫星图 // 百度地图

图 6-18 济南环城公园 - 卫星图 // 百度地图

图 6-19 成都府南河环城公园 - 卫星图 // 百度地图

图 6-20 “五圈”结构及城内外空间割裂 // 北京市建筑设计研究院有限公司，朱小地

工作室

图 6-21 连通城墙内外空间，构建滨水空间 // 北京市建筑设计研究院有限公司，朱小地工作室

图 6-22 构建公共交通系统和步行系统 // 北京市建筑设计研究院有限公司，朱小地工作室

图 6-23 城市空间连通的三种方式

图 6-24 西雅图奥林匹克雕塑公园 //WEISS MANFREDI 事务所

图 6-25 鹿特丹 Luchtsingel 城市人行天桥 // ZUS 建筑事务所

图 6-26 北京绿道标识 // 张冰雪，王祥东摄

图 6-27 西打磨厂街标识系统设计 // 天安时间当代艺术中心，北京市建筑设计研究院有限公司，朱小地工作室

图 6-28 北京侨福芳草地 // 总平面及二层平面，北京市建筑设计研究院有限公司. 出入口与城市道路的关系、步道桥，王祥东摄

图 6-29 纽约高线公园内举行的部分商业活动 // Friends of the High Line

图 6-30 勒・柯布西耶设想的架空城市 // [法] 勒・柯布西耶著. 陈志华译. 走向新建筑 [M]. 西安：陕西师范大学出版社，2004：52-54

图 6-31 建筑底层全部或部分架空示意 // 冉展

图 6-32 圣保罗艺术博物馆 // 孟祥懿摄

图 6-33 建筑底层全部架空 // 刘建楠摄

图 6-34 建筑底层部分架空 // 韩慧卿摄

图 6-35 屋顶开放空间的形式

图 6-36 腾讯广州大厦剖面图和效果图 // Ateliers Jean Nouvel

图 6-37 地下开放空间的形式

图 6-38 顶面全开放式：洛克菲勒中心的下沉式广场 // 张芳摄

图 6-39 顶面半开放式：中国台北捷运信义线大安森林公园站 // 张哲夫建筑师事务所，摄影：蔡岳伦

图 6-40 顶面不开放式：日本札幌站前通地下广场 // 朱星平，吕斌. 札幌站前通地下广场开发与运用的借鉴 [J]. 地下空间与工程学报，2014，10（2）：247-252

表 3-1 空间界面的四种形式

表 4-1 博弈参与者及其总体状况评估表

表 4-2 解决冲突的策略 // 转引自：张国庆. 行政管理中的组织、人事与决策 [M]. 北京：北京大学出版社，1990：8

表 5-1 德国柏林市部分公共性空间的资金来源策略 // [德] Senatsverwaltung f. Stadtentwicklung: Urban Pioneers. Stadtentwicklumg durch Zwischennutzung[M]. Jovis Verlag, Berlin, 2007. 转引自：董楠楠. 联邦德国城市复兴中的开放空间临时使用策略[J]. 国际城市规划，2011，26（5）：105-108

表 5-2 《纽约私有公共空间设计导则》的内容构成 // 纽约私有公共空间设计导则 [Z/OL]. http://www.nyc.gov/html/dcp/html/pops/plaza_standards.

shtml#seating. 转引自：郇雨. 408研究小组 | 纽约私有公共空间设计准则[Z/OL]. 环境设计研究

表5-3　英国土地使用分类规则 // Summary guide to use classes order and permitted changes of use.http://www.opsi.gov.uk/si/si1987/Uksi_19870764_en_2.htm. 转引自：高捷. 英国用地分类体系的构成特征及其启示[J]. 国际城市规划，2012，27（6）：20-25

表6-1　北京绿道标识系统中立体标识类型及其主要功能 // 北京市园林绿化局. 北京绿道规划设计技术导则[S/OL]. 2014-2[2015-8-25]. 首都园林绿化政务网，http://www.bjyl.gov.cn/

致谢

起念成书，源于我所受的教育和职业经历；对于改革开放开始到新世纪中国城市尤其北京发展的状况及问题的观察，形成了书中所呈现出来的城市观点；而对于国内外其他城市的比较分析，则使这些观点更加丰富和饱满起来。经过九年多的时间，书稿终于完成，从开始的立意构思到下笔成文，经历反复修改和推敲，直至定稿，其中每走一步对于我来说都是新的挑战。本书以发现问题、展开讨论、确立观点、解决问题、实践反馈的顺序为书写线索，将社会调查、学术研究、专业设计等不同种类的工作相结合，发现并提出了中国城市空间在规划、建设和管理过程中关键的空间权属及“公”与“私”关系问题，由此建立起“城市空间界面理论”，为提升中国城市空间品质提供了基础性的研究成果和理论基础。

本书得以顺利完成，必须感谢许多人的帮助和支持，他们分别是：

北京市建筑设计研究院有限公司的老领导和同事们，我所有的思考都是在这里完成，为我的工作和研究提供了丰沃的土壤。

本书的责任编辑赵梦梅女士，感谢共同追求书稿品质中她所付出的努力，以及张悟静先生，他的图书设计为本书增色不少。

一些案例及插图资料得到相关机构和人士的大力帮助，对于他们出色的工作和慷慨的支持，在此一并感谢。

特别要感谢吴良镛院士、马国馨院士，他们从城市规划、建设和管理的专业角度提出宝贵的建议，并拨冗作序；我的同事韩慧卿博士、助手张冰雪以及张玺、尚月泰、王欣的协助；王祥东为本书拍摄了部分照片；冉展协助绘制分析图。

本书出版受到国家科学技术学术著作出版基金的资助，特致谢忱。

朱小地

2019年

图书在版编目（CIP）数据

中国城市空间的公与私／朱小地著. —北京：中国建筑工业出版社，2019.2
ISBN 978-7-112-23029-7

Ⅰ. ①中… Ⅱ. ①朱… Ⅲ. ①城市空间－研究－中国
Ⅳ. ①TU984.2

中国版本图书馆CIP数据核字（2018）第275575号

责任编辑：赵梦梅 刘婷婷 张伯熙
书籍设计：张悟静
责任校对：姜小莲

中国城市空间的公与私
朱小地
*
中国建筑工业出版社出版、发行（北京海淀三里河路9号）
各地新华书店、建筑书店经销
北京锋尚制版有限公司制版
北京中科印刷有限公司印刷
*
开本：787×960毫米 1/16 印张：14¾ 字数：210千字
2019年9月第一版 2019年9月第一次印刷
定价：95.00元
ISBN 978-7-112-23029-7
（31122）